谁来翻一翻

提升孩子记忆力的魔法书

朱少敏 著

中国纺织出版社有限公司

内 容 提 要

　　朱少敏老师培养了一批世界记忆大师新秀，也是《最强大脑》很多选手的教练。她致力于为记忆法爱好者创作通俗易懂的图书，也是国内最富有童心和爱心的世界记忆大师。在《谁来翻一翻？提升孩子记忆力的魔法书》一书中，朱老师通过一个小学生喜闻乐见、趣味盎然的魔法故事，配合图文并茂、充满想象力的插图，介绍了小学生也能轻松掌握并运用在学习中的记忆方法：幽默大师的谐音记忆法、导演记忆法、武打明星记忆法、导游定点法等。对于语文古诗词和英语单词，以及大量的记忆信息，朱老师也分享了有针对性的记忆法。记忆法是一种既能让孩子掌握知识，又能锻炼各种能力的学习方法，让我们一起翻一翻，看看这本魔法书还有哪些精彩内容吧！

图书在版编目（CIP）数据

　　谁来翻一翻：提升孩子记忆力的魔法书 / 朱少敏著 . --北京：中国纺织出版社有限公司，2021.8
　　ISBN 978-7-5180-8656-6

　　Ⅰ．①谁… Ⅱ．①朱… Ⅲ．①记忆术—少儿读物
Ⅳ．①B842.3-49

　　中国版本图书馆CIP数据核字（2021）第125710号

责任编辑：郝珊珊　　责任校对：高　涵　　责任印制：储志伟

中国纺织出版社有限公司出版发行
地址：北京市朝阳区百子湾东里A407号楼　邮政编码：100124
销售电话：010—67004422　传真：010—87155801
http://www.c-textilep.com
中国纺织出版社天猫旗舰店
官方微博 http://weibo.com/2119887771
北京通天印刷有限责任公司印刷　各地新华书店经销
2021年8月第1版第1次印刷
开本：710×1000　1/16　印张：10
字数：156千字　定价：52.80元

不忘过去，赢在未来

有位家长给9岁的孩子买了本《世界记忆大师写给小学生的记忆法》，结果自己忍不住读了起来，留言说自己也当了一回学习记忆法的"小学生"。

这让我想起我当"记忆法小学生"的那会儿。

17年前我决心要学记忆法，是被英国哲学家培根的一句话打动的——一切知识只不过是记忆。如今，我们遇到有什么不懂的，可以随手拿出手机搜索，甚至手都不用动，召唤"小爱""小度"等智能工具就能找到答案。可十多年前的信息传播还没有现在发达，"知识就是力量""知识改变命运"这样的话深深地影响着我们那一代读书人。所以当我得知有一种方法可以让人记住一切知识时，真是欣喜若狂！记忆法就这样成为我学习路上的一个依靠。

我非常喜欢记忆法，加上当年担任世界脑力锦标赛中国队教练的时候，带出了很多冠军，他们无论在学习还是比赛上都取得了骄人的成绩。满心的欢喜加上满满的成就感使我立志要教授更多人这种好方法。

然而并不是所有人都认为这是一种好方法。

2017年，我带学生到大连参赛。在出租车上，司机说他孩子还在学校上课呢（那天是星期三），问几个孩子跑出来干什么。我们说是来参加脑力比赛的。当时我很骄傲地指着我的学生说："他们在比赛中可以记下很多没有规律的数字、词语，甚至在这等红灯的几十秒中，他们就能记住一副打乱顺序的扑克牌！"司机却说："记住这些又有什么用呢？"意思是不能当饭吃。

我很能理解那位司机大哥的想法，过去很多家长都认为只有好好学习学校的知识，才能考个好学校，考上好学校，将来才能找到好工作。近年来很多家长的教育认知高度提升了，知道在孩子的成长里不仅有成绩，还需要培养孩子的各种能力，让孩子充满能量，活在当下，赢在未来。

虽说我们要放眼未来，可每每想到孩子考试的竞争、升学的压力，就忍不住烦躁、焦虑。有没有一种学习方法能够既让孩子掌握知识，又锻炼孩子的各种能力呢？我想记忆法就是这么一种好方法。

我们在运用记忆法记忆知识点的时候，左右脑并用，除了提高记忆力以外，专注力、观察力、想象力、创造力、交响力等能力都能得到有效的锻炼。特别是想象力，我认为那是记忆法的核心。

爱因斯坦在上个世纪就指出，想象力比知识更重要。因为知识是有限的，而想象力拥抱着整个世界，推动着世界进步，并且是知识进化的源泉。

也许我们无法触及伟人的高度，但我们可以选择一条更能接近世界进步的道路，坚定前行。

愿我们活在当下，不忘过去，赢在未来。

朱丹敏
2021.2.14

目录
CONTENTS

第一章

天外来物

—— 开启记忆之门

CHAPTER 1

你希望自己拥有魔法吗？

如果你出生在魔法星球，会施魔法一点也不奇怪，就看谁的魔法更厉害了。可是怎样才能让自己的魔法更厉害呢？到魔法学院学习啊！但不是每个孩子都有机会到魔法学院上学的，只有真正喜欢魔法的孩子才会被选上，选上后就可以尽情学习魔法啦！

Free出身普通，而且还是只鹦鹉，可又有什么关系呢？她那么喜欢魔法，简直到了如痴如醉的地步，所以她当然能被选进魔法学院啦！

谁也没有想到，Free竟然用3年的时间学完了魔法学院的九阶课程，而这些课程其他学徒要用12年才能完成的。学神哪！不过按照魔法学院的规定，每个学徒都需要独立完成一个魔法任务才能毕业。魔法学院声望最高的老校主决定亲自给Free出毕业通关题。

只见老校主在空中画了一个大圈，在大圈里又画了一个小圈，小圈里呈现出两个火炼赤字：符旦。

符旦

"这个魔法任务是消灭一只叫"符旦"的骇怪吗？"Free问。

校主不置可否，笑容十分神秘："这两个圈会给你指引的。"

这时候，小圈发光了，幻变出一个蓝色的星球；大圈周围突然狂风大作，一股奇炫的龙卷风把Free卷入了漩涡……

时间好像过得很慢，雅历小学五（1）班的英语老师还迟迟不下课，她很清楚下一节是音乐课，所以每次都理所当然地拖堂。很多同学都按捺不住了，瞧这个男同学，早就把课本合上，抗议似的在课本封面画圈圈。

可他也太明目张胆了吧，在老师眼皮底下都敢乱来啊！果然，英语老师敲他桌子了："这位同学，你在搞什么？"

"噢，老师，我在写我的英文名字。"

"乱画还叫写名字！"

"我叫欧圆，这确实是我的英文名字啊。"男孩指着那两个"O"做出委屈的样子，见老师脸上还有怒气，就接着说，"您看，这第一个O是我的姓——欧，第二个圆圈是我的名字——圆，所以OO就是我的英文名字了！"

老师正想说点什么，这时候上课铃响了，大家一阵欢呼："上音乐课咯！"英语老师只好作罢。

这个把自己叫"OO"的男孩，虽说不上是上知天文，下知地理，但头脑灵活，伶牙俐齿，很多老师都拿他没办法。他从不是老师眼里的好学生，因为他的学习成绩并不理想，除了数学稍微好些以外，语文和英语都学得一塌糊涂，英语尤其差，能及格都偷笑的那种。

英语老师走出课室，音乐老师来了，班里的气氛活跃起来。不过音乐课的第一个环节还是让OO十分头疼：唱谱。音乐老师说他们班是示范班，所以要学会唱简谱。老师还真会安慰人啊："不用怕，简谱简谱，简单靠谱！"

可OO却一直没能记住这几个"简单靠谱"，遇到不懂的只能哆（do）唻（re）咪（mi）地数手指！

老师带着大家把曲子唱了几遍后，便说让同学们把乐谱唱出来试试。正当OO混在人声中咿咿呀呀乱唱时，老师发话了："现在我们请两位同学起来把曲子唱一遍，男女生各一个代表！"

坐OO前面的女同学马上举手了，她坐得笔直，马尾辫高高地挂在头上，双眼直直地看着老师，这种风吹不动的架势在坚定地告示着：我会！

她叫高冰，人长得漂亮，学习成绩好，又是班长，没有老师不认识她。

老师果然点她了，她随即站起来开始唱，长马尾随着节奏左摇右摆，让人忍不住去抓一把。

"唱得非常流畅，女生非常棒！"老师话正说着话，瞄到高冰后边的OO正在拿笔撩她的马尾，于是转向OO说："我相信男生也不会差的，就后面这位男生起来唱一下吧！"

一阵笑声。

同桌洛克向他挥挥拳："为男生争气啊！"

这么多双眼睛看着，别说不识谱了，就算识谱也唱不好啊！

可OO是谁啊，他一点也不害怕，站起来说："老师，我觉得这首曲嘛，一般般，我自创了一首曲子，可好听了！"OO知道自己唱不出来书上的乐谱，于是决定乱创一曲。

一阵骚动后，音乐老师居然说："好，那就让我们听听吧！"

OO清了清嗓子，准备开始他的表演。

"哆（do）发（fa）咪（mi），哆（do）发（fa）咪（mi）……"

OO拖长声音重复着，正苦恼接下来要怎么发挥的时候，听到一个既清脆又奇怪的声音："多发米，多发米！"

"有只鹦鹉！"一个女生尖声叫起来，所有人的注意力都转向了那只鸟。

只见那只鹦鹉头戴一顶蓝帽子，一张黄色秀气的脸，一身绿色的羽毛，两边翅膀上各点缀着一抹亮红，眼珠子圆溜溜地闪烁着不寻常的光芒。

"多发米，多发米……"鹦鹉一边唱着，一边往OO这边飞来，最后一脸乖巧地落到OO的肩膀上。

"哇！"一群人似乎忘了这还在上课，一下子围住了OO，连老师也忍不住凑了过来。

"这只鹦鹉好漂亮啊！"同桌洛克显示出近水楼台先得月的得意。

"OO，她叫什么名字？"有同学一脸羡慕地问。

OO正想说这鹦鹉不是他的，就听见鹦鹉开口了："Free鹦鹉，Free鹦鹉。"说完又用身体乖巧地蹭了蹭OO。

"她叫飞天鹦鹉。"○○忙接话说。他没听懂那英文，只好音译啦。

"Yes，我叫飞天鹦鹉。"这只鹦鹉也很配合。

"好聪明的鹦鹉呀！"女生们几乎尖叫起来。

收获一波羡慕的眼神后，○○开始神气起来："飞天可不是一只普通的鹦鹉，你们听她刚刚也会唱我作的曲子。"

鹦鹉马上应和着："多发米，多发米……"

"哇，好神啊！"众人惊叹。

"她会唱歌吗？让我教她试试！"音乐老师也来了兴致。

音乐老师唱一句，飞天唱一句，发音也很响亮，真是太神奇了！

正当大家为飞天鹦鹉鼓掌欢呼的时候，门外响起了撞钟般的声音："你们这是在上课吗？！"

不好，原来是班长高冰去把教导主任请来了！

一场暴风雨就要来临了！大家急急忙忙地回到自己的座位上，○○忙挥手让飞天飞走，哪料她飞过教导主任的上方的时候，不偏不倚地向她头顶发射了一个"粪便炮弹"……

就这样，"身负重伤"的教导主任捂着头悻悻地走了，音乐老师也没有罚○○，只是叫他回去把谱记好。

放学回到家，○○还惦记着那只"救他一命"的鹦鹉。他直觉那不是一只简单的鹦鹉，很想找到她弄个明白，但妈妈说不做完作业就不准出去玩。

○○从来没有这么积极过，语文、数学、英语三科作业很快全都做完了。正当他想冲出房间的时候，空中亮起一道蓝色的光圈，紧接着飞天鹦鹉从光圈中出现了。

○○兴奋极了：这只鹦鹉果然非同一般！

"OO你做完功课啦？"飞天鹦鹉问。

"做完啦，我正要去找你呢。"

"哦？做完了？你的谱会唱了吗？"

"还没……可我真的不会那些什么哆来咪发嗦……"OO的脸红了起来。想起音乐老师对自己这么好，确实不应该忘了这功课，于是改口说，"我、我马上就去背！"

"哆来咪发嗦拉西哆，1是哆（do），2是来（re），3是咪（mi），4是发（fa）……"OO努力地背起来。

可从小到大，背书都是OO的硬伤，凡是老师布置要背的内容都让他头疼，更惨的是今天背完，明天必忘，后来他索性连背都懒得背了，所以学习成绩一直不见起色。

尽管OO雄心壮志，但这样一遍又一遍重复的背诵方式确实考验人的意志力。没过多久，OO整个人就蔫（niān）了。

飞天看到他背得这么辛苦，忍不住问："OO，你平时吃Pizza（披萨）是一整个吃的吗？"

"当然切开再吃呀，我又不是大胃王。"OO没好气地回答。

"那就是呀，你看你记这些东西也要先把它切块呀，一口吃不成胖子嘛！"

"切块？"

"如果是我啊，就把它切三块，1、2、3一块，4、5一块，6、7一块。"

"1（do）2（re）3（mi）我倒是记住了，可就是4、5、6、7这几个老是反应不出来。"OO瞄着那几个音符，有点泄气地说。

"那先来发烧好了。"飞天鹦鹉说。

"干嘛要发烧啊？"

"你念一下这个4（fa）、5（so），是不是有点像发烧啊？"

"哈哈哈，是啊，发烧！4（fa）5（so）、发烧，记住了，哈哈。"

"是呀，不仅发烧，还拉稀了！拉稀就是6（la）、7（si）。"

"哈哈哈，发烧，拉稀，笑死我了！"

"那你记住了吗？"

"记住了，记住了！这方法真好使！"

"嗯，记住只是第一步，你最好先把今天学习的音符复习一下，然后找个乐谱练唱。我要走了，我要去找一只叫'符旦'的骇怪，那是我在魔法学院的毕业通关题。"

"噢，那你还会再来吗？"OO有点不舍。

"如果你想找我，你只要左手不停画圈，一边念这串通天码就行。"飞天说完变出一张黑色卡片，上面闪烁着一串长长的荧光数字：

14159265358979323846264338327950288419716939937510582097494459230781640628620899862803482534211706 79

"哇，这么长！"OO大叫起来。

"不长啊，才100个数字。只要你把这100个数字一口气念完就可以了！不过有时间限制，需要在30秒内念完，念的时候中途不能出错，同时左手还要不停地画圈，记住，是用左手画哦！。"

"啊？"没想到OO生气了："这很难完成的！你这是故意不想让我见你嘛！"

"你都没试过怎么知道呢？"

"谁说我没试过……"OO刚要说什么，随即改口了，"不，我在新闻上看到过，街上会有人出这种题，跟你这要求差不多，说什么只要你从1写到300不出错就可以得到100元，不过要先交10块钱的报名费，这就是骗钱的，根本没有人能做到！"OO的脸涨得通红通红，他希望飞天觉得他是为这些无辜的受害者鸣不平，实际上他是有意隐瞒了一些情况，怕被飞天看出来。

去年暑假，OO正好在人民公园有过一次这样的亲身经历：一个摊主很热情地邀请他玩这个"勇敢者的游戏"，只要交10元报名费，赢了可以获得100元。当时他想：不就是从1写到300，三岁小孩都可以做到啊，这不是让我白赚嘛！于是他满怀信心地交了报名费，结果写到32就出错了。他不甘心又试了一次，第二次更惨，写到17就出错了，白白丢了20块钱！

飞天显然对OO把自己比作这样的骗子感到又好气又好笑："嘿，小兄弟，是那些不怀好意的人利用这种题'看易行难'的特点骗人，可这并不是题目本身的错啊。"飞天顿了顿继续说，"在我们'记忆术'这门课的入学测试中，就有这么一道题，要求我们从1写到500，这是考我们的专注力，只有注意力持续集中的人才能通过测试。"

"记忆术？"OO突然间来了兴趣。

"是啊，那是一门专门研究如何高效记忆的学科。我的叫兽（教授）第一天就跟我们强调：记忆力跟专注力是成正比的，专注力越强，记忆力越好。"飞天心里一直记得那位教自己"记忆术"的主教——伍达教授。他是一头巨鹿，是个脾气古怪、个性十足的主教，他在魔法学院每次只收一名学生，而且要等那名学生毕业以后，他才会再收一名新的学生。飞天在入学那年正好被伍达教授选中了，真的像被流星砸中一样幸运。

"那怪不得我的记性那么差了……"OO小声地回应着，想起妈妈老是说他不够专心，英语

老师也骂他"小儿多动症"，再想想自己从1写到100都做不到，他瞬间像被一只大八爪鱼罩住一样，浑身黏（nián）糊又动弹不得："我想我是没救了。"

飞天看着OO一脸沮丧的样子，用翅膀拍拍他说："不用担心，记忆力是可以通过学习提升的，有方法的呀。"

"是吗？"OO半信半疑，他也不敢告诉飞天自己的学习很差。

"你相信你能记下这串通天码吗？"

"怎么可能！这么长！"

"这个其实很简单，如果有时间，我保证能让你全部记下来。不过，你得先想想下次怎么才能见到我啦！"

飞天说完，就消失了。

没错，到这里你可能已经猜出来了：那只鹦鹉，便是来自魔法星球的Free。那个蓝色星球，就是大部分都被海洋覆盖着的地球。

飞天来到地球好些日子了，却连"符旦"的一点儿蛛丝马迹都没找到。老校主送他用于指引的那两个光圈，现在大的变幻成了她脖子上的一圈黄色羽毛，小的变成了她右脚上的一个银色脚环。

有一天，飞天感到脖子痒痒的，那圈黄色的羽毛开始幻化出一道金黄的亮光。随后，金光照进一间课室，有个男孩在英语课本上不断地画圈，还是两个圈！飞天有点激动，终于有动静啦！莫非这个男孩就是她要找的"符旦"？

飞天马上赶到OO所在的那所学校——雅历小学。她第一感觉是这所学校好古怪：老师们正儿八经地上课，喜欢对着教案念叨，不喜欢学生发问。而学生呢，他们好像一点也不喜欢学习，上课铃声一响就变得一脸灰暗，一听到放假就大声欢呼。

倒是那个说自己的英文名是"OO"的男生，天不怕地不怕的，虽然他不讨老师喜欢，却是全班唯一一个还闪烁着灵气天光的学生。当他在音乐课上说要自创曲子又一时唱不下去的时候，飞天忍不住现身出来帮他一把：让大家在这音乐课尽情地嗨起来吧！艺术的世界本来就不该被太多条条框框束缚！

不过教导主任的出现让飞天感到莫名其妙，难道真的要规规矩矩上课才叫学习吗？看到异常活跃的课堂嘎然被打断，她毫不犹豫地给了主任一记"教训"。

OO以为自己在那节音乐课上逃过了一劫，谁知道第二天就被教导主任找去"秋后算账"了。不过教导主任盘查来盘问去，似乎都找不到OO的什么把柄，因为那只鹦鹉是自己飞进来的，确实不关OO的事。看着OO手中的音乐书，她那皮笑肉不笑的脸突然抽动了一下："你是有认真听课的是吧，那你来唱一下你们老师昨天教的这首曲子！"

OO唱得磕磕（kē）巴巴的，可没想到教导主任突然把他放走了。得感谢主任接的那个电话！隐约听到说是哪个同学作弊了，主任要马上去处理。

OO走出办公室的那一刻，像是肩膀上卸下了一块大石头。幸亏昨晚飞天教了他"发烧""拉稀"，才勉强应付。不过因为他练得不多，有些节奏又把握不住，唱出来的调子几乎不成调。

回想起刚刚被教导主任抓住的情景，OO觉得有点后怕了：我应该听飞天的话去练熟曲子的！

什么时候才能再见到飞天鹦鹉呢？OO想起那串通天码，他下定决心要勤加练习，一定要在30秒内一遍全念对！

第二章

通天码
——五大经典记忆方法

CHAPTER 2

这个周末，OO破天荒没有出去玩，而是一头扎进房间，按照飞天说的要求，一边念那100位通天码，一边用左手不停画圈，誓必要30秒拿下！可没过一会，他就觉得腰酸手痛、两眼冒烟！这玩意儿你试过就知道，不是那么容易做到的，因为你需要一只手画圈，一边不间断地念完那100位通天码，有时候念了又忘了画，画着画着又念错了……

OO一心想着要见到飞天，所以他试了一遍又一遍，没有半点要放弃的样子。

此时的飞天正在OO上方的书架暗暗观察着这个男孩。不过OO看不见她，因为她使用了消形术。消形术是魔法学院里最难的一门选修课，但对于飞天来说，却是小菜一碟。

眼前的男孩一遍又一遍地重复着手里的动作，这时候飞天脖子上的"金箍"又开始发光了，她正在思考着那只"符旦"骇怪跟OO有什么关系，这时候就听到OO惊喜地叫了起来："飞天，你现身啦！"

原来是OO挑战成功了！

他迫不及待地跟飞天诉说："你知道吗，你这通天码真的比登天还难！不过我刚刚就想着一定要见到你，然后不停地画画画、念念念，终于成功了！"

"那你把这串通天码记下来了吗？"

"并没有……对哦，为什么我念了这么多遍了都没把这些数字记下来呢？"

"快有100遍了吧！"飞天略带夸张地说。看见OO写到麻红的左手，飞天摇摇头继续说："记不住是因为你用的是左脑的机械记忆，就是死记硬背，缺少<u>主动创设</u>的过程。"

"我也知道死记硬背很痛苦，可又能怎么样呢？"OO一脸无奈地说。

"记东西有方法的呀！之前跟你说过，我修了一门叫'记忆术'的功课，那些方法还挺管用的。"

"记忆术到底是什么嘛？"

"这门课教的是一些快速记忆信息的有效方法，所以也叫'记忆法'。"

"别告诉我这么多数字也能记住啊！"OO根本不相信有人可以记下这么多数字。

"你要懂了记忆法，这点数字小意思，根本不用死记硬背！"

"那快教教我嘛，最多我拜你为师啦！"OO一听不用死记硬背，开始把希望寄托在飞天身上。

飞天有点为难，倒不是她不想教OO，只是自己有毕业任务在身，不知道有没有那么多时间教他，要知道，系统地学习记忆法不是一两天的事情。不过看到眼前这个小男孩正一脸期待地看着自己，活把自己当成救世主一样，飞天想了想，于是说："好吧，我今天先教你记下这串通天码，看看你的表现如何。不过我有言在先，教过你以后我就会把这张卡片收走啦。"

"啊？那就是说我今天必须记住这串通天码以后才能见到你咯？"OO一听就泄气了，他想自己今天要记不下来，以后都见不着飞天了。

飞天见状有点于心不忍，便想办法打消OO的顾虑："不用怕，这些方法都是很简单的。我今天先教你五种经典的记忆方法吧。"说着已经把黑色卡片上的100位通天码分成了五段，每段20个数字：

14159265358979323846
26433832795028841971
69399375105820974944

59230781640628620899
86280348253421170679

接着，飞天不知道从哪里变出了一沓（dá）卡片，一张一张展开铺在桌面上。OO数了一下，正好有5张，每张卡长得都一样：金黄的底色上浮动着一个黑色人影，中间跳动着一个鲜红色的问号。OO的脑袋里也跳出一个大大的问号：不是说要教我记忆法吗？这是干什么呀？

飞天没有解释，只听见她像念咒语一样念着："上有天，下有海，神灵通三代，记忆有魔卡，谁来翻一翻？"说着，她示意OO从里面选一张来翻牌。

OO十分好奇，指了指第二张魔卡，没想到手还没碰到卡面，它就自动翻面了，映入眼帘的首先是"幽默大师"几个闪烁的字，然后伴随着一地星光从里面冒出一个脸圆圆、嘴巴大大的胖叔叔，还对着OO说话了："国有国法，家有家规，考考你，动物园有什么规呢？"

"国有国法，家有家规，动物园就有园规啊！" OO不假思索地回答。

"哦？你仔细想想，动物园里真的是有园规吗？" 胖叔叔指着自己胸前口袋上绣着的"幽默大师"几个字，像在提示OO些什么。

"我知道啦，是乌龟，有乌龟！" OO领悟到了，拍着大腿大叫。

幽默大师赞许地点着头："哈哈哈，不错，有点幽默细胞呢。那看看你能不能理解我下面说的是什么吧：山巅一寺一壶酒，儿留我三壶，白酒持久伤，儿上巴士溜。"

正当OO全神贯注地听幽默大师讲话的时候，卡面上的星光不知道什么时候聚集成了一串串文字，仔细一看，正是幽默大师讲过的那段话：

山巅一寺一壶酒

儿留我三壶

白酒持久伤

儿上巴士溜

"酷呀！" OO盯着眼前的炫字认真地分析起来："我猜这是在讲山巅上有一座寺庙，只能留一壶酒，儿子悄悄留给我三壶，没想到白酒持久伤身，儿子不负责任坐上巴士就溜了！是这样吗？"

幽默大师微笑着点了点头："很好，那你能把我刚刚说的那段原文说出来吗？"

"嗯，我试试吧。"OO不放心，又看着复习了一遍，才闭上眼睛开始复述："嗯，山巅一寺一壶酒，儿留我三壶，呃，然后是，白酒持久伤，儿上巴士溜，对不？"

"全对啦！还不错，我还以为你背不出呢。"

"是呀，我居然能背出来，证明我还是不错的。"听到幽默大师的夸奖，OO心中的自信油然而生。

"好，那下面你听听，'山巅一寺一壶酒'，像不像数字3.14159呀？"

"哦？"OO先是一愣，然后醒悟过来了，"对喔！"

"那'儿留我三壶'，像不像26535呢？"

"是喔！那我猜'白酒持久伤'应该是89793吧！"OO抢着回答。

"对，悟性不错。那'儿上巴士溜'呢？"幽默大师问。

"那就是——23846，对吗？"

"对！"

这时候星光字开始闪烁，在每行文字的下面出现了对应的数字：

山巅一寺一壶酒

3．14159

儿留我三壶

2 6 5 3 5

白酒持久伤

8 9 7 9 3

儿上巴士溜

2 3 8 4 6

"哦，这不就是通天码前面的数字嘛？"OO发现了这个秘密。

"呵呵呵，被你看出来啦！刚刚我们用的是幽默大师的常用幽默法——谐音法。谐音让这个世界充满乐趣，还可以帮我们记很多东西呢！"

"哇，原来可以这样记东西呀，我以前可没想过呢。"

"你很不错啊，祝贺你记住了通天码的前20位！"幽默大师说完就在星光里消失了。

在一旁的飞天也扑动着翅膀祝贺OO，她高兴地说："幽默大师的谐音记忆法不错吧？我都说很简单的啦。"

"嗯，确实不难，我很想看看第二张魔卡是什么……"OO迫不及待地伸手去翻第二张魔卡时，身体却突然像坐海盗船一样失重了，不好，OO掉进了一条河流！河流把OO冲向了一座石山，顿时遍体鳞伤！幸好有个妇女把他救了上来，拿扇儿帮他扇干衣服，还送了他一个气球。

没想到气球刚到手，就被武林恶霸给抢走了，OO坐巴士去追还是没追上，气愤之余也只得回家。回到家，OO涂了药酒，吃了一盘他最爱的鸡翼才消气。

"吃饱了吗？"这时候，OO身后响起一个声音。OO回头一看，一个戴着鸭舌帽的文艺大叔正笑嘻嘻地看着他，问："刚刚的旅途刺激吗？"

OO气呼呼地回答："刺激个啥，我都受伤了！"说着摸一下身上的伤口，咦，怎么全好了呢？

"不用摸啦，你根本没有受伤，刚刚是我送你去演了一部'热血电影'，好玩吗？"看到OO瞪大眼睛，大叔解释说，"哦，忘了介绍，我是一名导演，我擅长的是导演记忆法。"

"哦。"OO这才缓过神来。

"还记得你刚刚经历了些什么吗？"

"我掉进了一条河流，被冲到一座石山，有个妇女救了我，用扇子扇我，还送我一个气球，却被那武林恶霸抢去了，我坐巴士去追没追到，回家涂了药酒，吃了鸡翅。"OO经历了刚刚的一劫，闭上眼睛都可以说出来了。

"很好，你全部回忆出来了。不过要提醒你一下：妇女是用'扇儿'扇你，不是'扇子'，还有你吃的是'鸡翼'，而不是'鸡翅'。"

"有什么区别吗？"OO表示很不解。

"区别大了。"导演大叔像播电影一样在墙上投出了一段信息：

河流　石山　妇女　扇儿　气球
26　43　38　32　79
武林　恶霸　巴士　药酒　鸡翼
50　28　84　19　71

"哦，我明白啦，刚刚我经历的那些事物都对应着数字呀！"OO笑了。

"是的，像河流对应着数字26，咱们中国就有长江和黄河两大河流。"

"哦，河流是26，两条河流。"

"像石山谐音43，扇儿谐音32，鸡翼就谐音71。你现在知道为什么不能用'扇子'，不能吃'鸡翅'了吧？"

"呵呵，我知道了。"OO挠着头笑了。

"那你现在试试把这些词语和数字一一对应起来吧。"导演说完把屏幕挥灭了。

"好，我还记得那些词：河流是26，石山是43，妇女、妇女……妇女是什么呀？"OO不停地叨念着'妇女'，都没找出对应的数字来。

"三八妇女节，'妇女'是38呀！"导演提示他。

"哦，原来是一个'三八'救了我呀！"OO调皮地眨了眨眼。

"是呀，快把剩下的数字对应上吧，你现在已经把20位通天码记下来啦。我闪咯！"说完，导演大叔真的变成一道光闪走了。

OO很高兴，没想到这么轻松又把20位通天码记住了。飞天也替他高兴，不忘提醒他："你赶紧把刚刚40位通天码复习一下，背对就可以通关翻第三张魔卡啦！"

"好咧！"OO甚是兴奋，觉得这个"谁来翻一翻"的游戏很好玩，于是借兴把通天码前40位背了出来。

第三张魔卡启动翻转啦：翻一翻、翻一翻，看看是什么？哇，居然是OO最喜欢的武打明星吴京！

"吴京叔叔，您这么厉害，快教我武术吧！"OO完全忘记自己的通天码记忆任务了，见到自己的偶像就禁不住激动起来。

吴京笑着说："小朋友，我今天确实是受人所托来教你一些招式，不过这些招式有点特别哦，你看我带来了一些道具……"说着，吴京从一个袋子里依次拿出了一个溜溜球、一块三角板、一把旧伞、一件西服、一坨屎（太恶心了吧）、一个苦瓜、一包香烟、一面旧旗、一只湿狗、一条蛇。

OO数了数，一共有10样。这时候，吴京说："听好了，今天我要教你'幻打'。幻打就是你在头脑中指挥这些物品打起来，而且是连环幻打，第一个打第二个，第二个打第三个，第三打第四个……这样一直打下去。明白吗？"

"哦，幻打……"OO似懂非懂地点点头，崇拜的目光还是止不住。

吴京见他这个样子，就笑笑说："这样，我再说得明白点：你现在把这些物品按顺序两两用动作连起来，你可以拿这溜溜球和三角板来体验一下，用溜溜球对三角板做动作试试看。"说着把溜溜球递给OO。

OO拿起溜溜球一甩，一甩就甩到三角板那里了。噢噢，幸好没甩烂！

吴京马上引导说："做得很好！找到感觉了吗？就是这样用前面一个物品对后面的物品做动作。"

"就这么简单吗？"OO问。

"是啊，下面闭上眼睛，我们开始在头脑中幻打：想象三角板飞插到那把旧伞上。如果可以想到的话，点头给我示意一下。"

"可以。"OO点头。

"好，那再想象旧伞对西服做动作，比如用旧伞猛打西服。"

"啪！"OO头脑中马上出现了偶像说的图像，还给动作配了音呢。

"非常好！那下面把西服和屎用一个动作链接起来吧。"

"西服包住一坨屎，哈哈哈。"OO忍不住笑出来了。

"看来你的'幻打'技术不错，后面这些词语你都试着用动作两两连起来吧，比如屎'动作'于苦瓜，苦瓜'动作'于香烟。想不到动作的时候，可以想象自己拿着物体做动作，像刚刚你拿溜溜球甩三角板那样。最后你试着把这10个物品都回忆出来，成功的话我会给你揭露背后的小秘密哦！"

OO按照偶像的要求把物品两两用动作连起来：用屎扔向苦瓜，用苦瓜掐灭香烟，香烟点燃旧旗，旧旗包住湿狗，湿狗咬蛇。联结完，OO试着把10个物品回忆出来，呀，居然全对了！于是迫不及待地问偶像："小秘密呢？"

"看啦！"吴京扎起马步打起了拳，拳法凌厉，虎虎生风，而且拳眼方向明确，一拳打向一个物品，每件物品被拳风触及就跳出两个数字：

（溜）溜球　三角板　旧伞　西服　屎
69　　　39　　93　　75　　10

苦瓜　香烟　旧旗　湿狗　蛇
58　　20　　97　　49　　44

〇〇看呆了，张着的嘴巴一直没合起来。

吴京收拳，然后笑着对〇〇说："小朋友，注意看这些数字密码哦。"吴京接着友善地提醒他："你知道香烟为什么是20吗？"

"知道！我爸抽烟，我留意过一包香烟有20根，对吗？"

"对。那蛇为什么是44呢？"吴京又问。

"蛇就是'嘶嘶嘶'地吐舌头呀！"〇〇说着还学蛇的样子吐着舌头。

"好大一条蛇哦！"吴京打趣说道。

"呵呵，我觉得这个10最搞笑，屎……"

……

就这样，〇〇跟着偶像用"武打明星记忆法"在说说笑笑中把通天码的第三段也记下来啦！

到了翻第四张魔卡的时候，〇〇更加期待了：翻一翻、翻一翻，这回又会遇到谁呢？噢，不好，是个穿白大褂的医生！〇〇从小到大最怕医生了，怕打针，怕吃药，所以不由得缩了缩脖子。

医生见他这个样子，于是说："这位小朋友不用怕，我虽然是个医生，但我是倡导强身健体防止疾病的，平时多运动身体就少生病啦。来，站起来，跟我一起热热身，动动脑！"

〇〇见眼前这个"白大褂"身体健硕，长得非常阳光，也不像别的医生那样神情严肃，于是在他的鼓励下站了起来。

　　"白大褂"说："下面跟着我的口令做动作吧。拍拍你的头，精神很抖擞！揉揉你的眼，睁眼见神仙！摸摸你鼻子，小心流鼻涕……"OO跟着口令做动作，听到这里忍不住笑出声来，想不到还有这么有趣的医生呢！

　　医生这时候用手捂住嘴巴："管好你的嘴，谁都不得罪！"又接着讲，"扭扭你脖子，永远不放弃！拍拍你胸膛，做事不再难！摸摸大肚腩，吃饱没麻烦！拍拍你大腿，声音要清脆！敲敲你膝盖，跟它说声'Hi'！跺跺你的脚，活到九十九！"

　　OO跟着医生的节拍从头数到脚，觉得挺好玩的，这时候听到"白大褂"问他："刚刚我们从头到脚找的10个身体部位，你能数出来吗？"

　　OO回答说："这简单！"接着从头到脚把十个部位说了出来，分别是：

1. 头
2. 眼睛
3. 鼻子
4. 嘴巴
5. 脖子
6. 胸膛
7. 肚子
8. 大腿
9. 膝盖
10. 脚

　　医生赞许地点着头，随着他一挥手，眼前出现了一个全息屏，显示的内容直截了当，就是通天码的第四段：

蜈蚣	耳塞	锄头	蚂蚁	rose（玫瑰）
59	23	07	81	64

手枪	恶霸	牛儿	溜冰鞋	舅舅
06	28	62	08	99

医生先让OO捂住那些数字看词语，确认他能——想出图像和说出对应的密码后，就开始传授秘籍了："现在这里有10个词语，正好对应我们十个身体部位。注意，我要在你头上放一堆蜈蚣咯！"吓得OO哇哇直叫。

医生说："怕吗？那你用耳塞堵住眼睛吧！"

OO说："耳塞怎么堵住眼睛啊？"

"所以要你想象啊！你的目标是把这些词语跟身体部位一一联系起来，不管你是用感觉（蜈蚣在头上的感觉），还是用动作（耳塞堵眼睛），还是制造一些理由都是可以的。"

"嗯嗯，我会编理由，比如用玩具锄头来挖'鼻10'。"OO倒是领悟得挺快的，说话也开始变得"文艺"起来。

"好，既然你已经掌握要领了，那就试着把余下的词语和身体部位连起来吧，用理

由、感觉还是动作都OK，随你喜欢。"

"OK!"OO得令以后，很快就把剩下的词语和身体部位联系起来了：嘴巴里爬满蚂蚁，脖子被玫瑰刺伤了，手枪打中胸膛，恶霸打我的肚子（痛死了），大腿骑牛儿，玩溜冰鞋要护膝，一脚踩到乌龟！这个医生记忆法真好用啊！他练习了一遍，最后还可以按照身体部位的顺序直接把20位数字说出来呢！

最后20位数字了！这一次又会翻到谁呢？"上有天，下有海，神灵通三代，记忆有魔卡，谁来翻一翻？"一等飞天念完，OO马上伸手去翻卡了，翻过来的人物长相普通，戴一顶红色帽子，手拿一面旗子，看样子应该是个导游。

"红帽子"看到OO歪着头看着她，于是说："小朋友，虽然我只是个导游，可我的方法很实用哦，我会在我去过的地方找一些定点辅助记忆，这种方法最早叫古罗马房间记忆法。"

"古罗马房间记忆法？"

"是的，我给你举个例子吧。"导游想了想说："你还在上小学吧，你能带我去你教室看看吗？"

还不等OO回答，飞天站到OO的肩膀热情地回应说："当然可以，请随我来。"

飞天低头默念几声，接着一阵旋风，OO他们就出现在雅历小学五（1）班的教室门口啦。OO定了定神，眼前的教室里一个人也没有。导游完全没有OO表现出来的惊讶，她在教室走了

一圈，又回到门口，示意OO跟着她走。

导游带着OO顺着教室走了一圈后，找到了以下10个定点：1.门 2.饮水机 3.讲台 4.黑板 5.画架 6.电视 7.窗户 8.桌子 9.椅子 10.储物柜

找完10个定点后，导游让OO试着把这些定点正着、倒着都背一遍。她边听边在黑板上写下了板书：

八路 恶霸 蛋糕 石板 饿虎 三丝 鳄鱼 仪器 手枪 气球
86　28　03　48　25　34　21　17　06　79

　　OO正背、倒背10个定点都过关了，导游就让OO试着把黑板上的词语跟数字密码一一对应，OO都回答得出来。但他还是有一个不明白："三丝是什么来的？"

　　"哈哈哈，你可以把三丝看成三条丝瓜，也可以认为它是一盘三丝炒肉。"

　　"三条丝瓜，呵呵，我选这个。"

　　导游笑了笑，开始引导OO说："嗯，有图像就好。我这个导游定点法很简单，只需要把记忆的信息按顺序跟对应的定点联系起来就可以啦。比如第1个定点是门，可以想象八路军在门口站岗，或者有个八路推开你们教室的门。能想到吗？"

　　"能呀，那这个恶霸就连着第2个定点——饮水机咯，我想这个恶霸会搞破坏，把我们的饮水机砸了！"OO很快就领悟了。

　　导游对OO点头赞许说："对，你脑瓜很灵活。接下来我们看第3个词语——蛋糕。这不像刚

才那两个词语都是人物，这是个物品，这时候你可以想象定点上呈现的一个静态，比如：讲台上有个蛋糕；又或者你加个主角，可以选自己，想象自己在讲台上吃蛋糕，这样的动态也可以。"

"我在想饭堂阿姨在讲台给我们分蛋糕。"OO说出自己的想法。

"也是可以的！"导游很欣赏OO的灵活。

OO被导游夸得有点忘形，抢着说："那像第4个定点，是不是可以想象黑板是石板做的，也可以想象老师在黑板上写字，一块石板砸中她的头啊？"OO一边说一边窃笑，都不知道哪个老师那么惨，中了他的想象埋伏！

导游并没有在意OO的坏笑，因为她知道想象的画面只是用来帮助记忆，一个人的道德观念是可以控制他在现实生活中的行为的。她回答OO说："是的，两种都可以。但在记的时候你只需要选一种就可以了，连得上就记得住。"

OO觉得这个导游定点法还不错，记得又快又牢，于是按照导游说的那样把剩下的6个定点都联系上了：饿虎咬画架，电视里播放出三条丝瓜，鳄鱼爬到窗户上，桌子上放满了仪器，用手枪打穿了椅子，储物柜冒出了气球。

OO很专注地连完后还按顺序把对应的数字说出来，全说对了，他甚至没有觉察导游已悄悄离去。

这时，OO听见飞天说："恭喜你已经把100位通天码全记下来啦！"

"哦，是吗？"OO完全没有这个意识。

"不是吗？五张魔卡，一张20位呀。"飞天一挥翅膀，在黑板上画了个圆，中间显现的正是那串通天码，只是前面多了个"3."：

3.1415926535897932384 6
2643383279502884197 1
6939937510582097494 4
5923078164062862089 9
8628034825342117067 9

飞天继续说："看，你背的这串通天码，其实是圆周率小数点后的100位数字，对照一下看看你是不是都记下来啦！"

OO把5张魔卡对应的幽默大师、导演、武打明星、医生和导游的方法一一对照上了，不禁开心地说："哦，是喔，嘿嘿，这串通天码我全记下来啦！"

飞天说："嗯，时间不早了，你想瞬移回家吗？"

"想啊！我也可以使用魔法吗？"OO显得有点儿兴奋。

"可以，这魔法密咒是这串通天码，不过是倒着背出来。"

"倒背？就是从最后的数字开始9760这样吗？"

"是的。"

"我试试，应该没问题！"

"圆圆吃饭啦！"门外突然响起了敲门声，是OO妈妈的声音。原来OO已经成功瞬移到自己的房间啦！

OO一边开门，一边心里暗暗庆幸：幸好我已经把这串通天码全背下来了，下次再想见到飞天也不难啦！

第三章

到底谁作弊

——全脑学英语的方法

CHAPTER 3

周一这节英语课快要结束了，老师在布置作业前发下上周英语小测的试卷。这次小测实在太难了，最高分只有87分！老师一个名字一个分数地念，OO心想自己肯定又是最后一名了。然而让他吃惊的不是老师瞪着他念："欧圆28分，倒数第二！"而是念到高冰的名字的时候，老师居然说："高冰，没有分数，倒数第一！"

高冰红着脸低着头上去拿了卷子，回到座位就趴在桌子上哭了，全班炸开了锅，身为班长的好学生高冰竟然拿了最后一名，这是怎么回事？

英语老师没有过多解释，拍着讲台大声喊道："安静，安静！下面布置作业！"

OO倒是没有说话，他的头脑已经像柯南探案般高速运转起来：高冰——没有分数；教导主任——高冰的妈妈，那天正好接了个电话说有人作弊，难不成那个人就是她女儿高冰？怪不得她那天那么匆忙，处罚都没下就把自己放走了……

他于是开始了情景再现：

英语老师发现高冰作弊的痕迹，把高冰叫来问她：你是作弊的吗？

高冰承认了。于是英语老师打电话叫来高冰的妈妈，也就是学校的教导主任，然后拍桌子问："教导主任的女儿居然作弊，这怎么处理！"

教导主任气疯了，扇了高冰一巴掌："不知羞耻！"

正当OO在忘情想象的时候，头顶上方响起了英语老师的声音："欧圆同学，请你站起来，告诉我今天的作业是什么！"不知道什么时候，老师走到了他的面前敲他的桌子。

同桌洛克装作托腮，把自己的记录本向OO那边挪了挪。可这哪逃得过英语老师的法眼啊，她把洛克的记录本一手合上了。

OO小声嘀咕："不用看我都猜到了，还不是抄单词、抄课文什么的……"

英语老师的耳朵像狗耳一样灵，OO嘀咕的她都听到了："是的，就是抄这个单元的单词，一至十二月，简写和全拼都要抄，其他人抄10遍，你抄20遍！"

OO最讨厌这种"抄抄抄"的机械运动了，他马上抗议道："啊？20遍？！这些都是黑体词（黑体词只要求听、说、认读即可），为什么还要我们抄拼写啊？"

英语老师义正辞严地说："你现在不抄，早晚被淘汰！必须抄！"

OO并没有服输："老师，我听说英语老师才面临被淘汰的危机呢，因为现在有了翻译机器人，以后我们都不用学英语了。"

老师一听是动摇自己饭碗的言论，火了："不学英语？有本事你不考试啊！在我的课堂上还是得听我的，你回去给我抄20遍！"

"20遍！我不用抄就记住了！"OO的辩驳犹如死鸡撑硬脚，他平时可真的背不了单词。

"不用抄就记住？那为什么平时听写单词你总是不及格呢？"英语老师毫不客气的反问使教室里迸发出一阵笑声。

OO眨了眨眼，似乎有了主意，他很友善地作出了回应："那如果我真的不抄就记住了这些单词，老师您是不是可以批准我不用抄呢？"

"行啊！我可不是不讲道理的，就让你试试！但如果明天听写有一个单词错了，就要把这些单词都抄100遍！"英语老师认定OO记不了这么难的单词，干脆来了个顺水推舟，当然后面没有忘记加一个条件式惩罚。

英语老师一走，洛克马上凑过来，有点担忧地问："OO，你真的不怕抄100遍吗？"

"不怕，我有……"OO不敢说出自己有神奇鹦鹉的帮助，就改口说了一句："有了翻译机器人，以后都不用学英语了！"

又有同学围过来，问："OO，你家有翻译机器人吗？"

"是啊，是啊，我连翻译机器人都没见过呢。"另一个同学说。

OO以为这早已是过时的新闻，没想到还有人不清楚。没办法，平日大家的功课已经够忙了，哪有时间关注这些啊，谁叫他们上的是雅（压）历（力）小学呢，真是鸭梨（压力）山大！

OO见有人把话题岔开了，赶紧大声回答："电视新闻早就播了，翻译机器人不仅可以翻译英文，日文、韩文、德文还有好多国家的语言都可以即时翻译，可厉害了！"

大家听得很兴奋，七嘴八舌地讨论起来：

"那我们家下次去国外旅游都不用找翻译了！"

"我想去韩国找我的欧巴很久了！"

"去国外有什么好的，不用学英语才好！"

"不用上学最好！"

……

OO放学一回到家，马上躲到房间念起了通天码，没想到他试了好几次都没有成功，原因是他念得太慢了，根本达不到30秒的速度限制。哎呀，我昨天为什么要跑去玩呢！

OO多次召唤飞天鹦鹉不成功，只得在晚饭的时候求助妈妈，期望她跟英语老师提议一下减少抄书的次数。他试图用"有了翻译机器人就不用学英语"的理论来说服妈妈。

谁知道妈妈听了OO的言论后火气就来了："圆圆你脑子里装的都是什么呀！啊？你不知道吗，你明年要小升初了，英语是必考的！英语不好就只能去普通学校，上普通学校没出息的啊，你知道吗，哈？……"

妈妈劈头盖脸地训了OO一顿，最后呵斥他马上去抄单词。

OO头疼得要命，除了那堆又长又臭的破单词，还有一大堆的作业呢！偏偏魔法鹦鹉又联系不上，真叫救命啊！

这时候，从他的头顶飘落一根绿色的羽毛，OO眼前一亮：是飞天！可他抬头四处张望，却连鹦鹉的影子都没找到，他更加沮丧了。

这时，羽毛闪动起来，好像是有人握住它一样，开始在桌面上写字：先做完其他作业，单词留到最后背。OO每看完一个字，那个字就消失了。但他完全读懂了飞天给他传递的意思啦：嗯，我要先把其他作业做完！

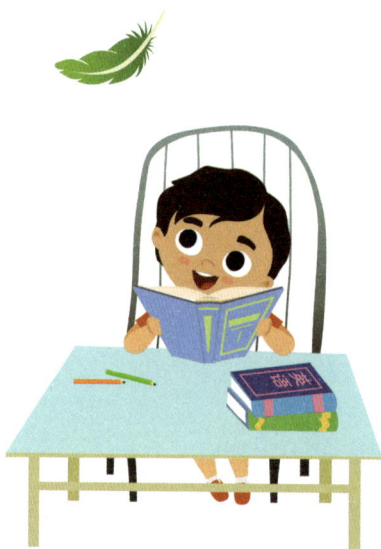

OO做完语文和数学作业，已经累趴下了。才小学五年级，可他们班很少有人能在晚上十一点半以前做完作业的！

正当OO揉着通红的眼睛感到无比无助的时候，飞天现身了。

OO马上抓住这根救命稻草："飞天快救救我吧，我还有一大堆单词没背呢，背不出明天要罚抄100遍的！"

飞天没有得到通天码传达就现身的原因是，她脚上的银环被勒得越来越紧，而且越接近OO的房间越是疼得厉害，她要对战的"符旦"骇怪肯定就在附近！可在她现身之后，生疼的感觉又没有了，这"符旦"也跑得太快了吧！

OO满怀期待地向飞天求助，看着这可怜的男孩已经被大堆作业折磨得一脸憔悴，她又怎么忍心拒绝呢？

飞天看着OO那张只有28分的英语试卷，作为学霸的她实在不明白OO怎么能考出这么低的一个分数。她问道："英语有这么难学吗？我来地球一个多星期就学会说你们的语言了。"

"不是吧？我以为你原来就会说我们的话呢，你是怎么学得这么快的啊？"

"学习语言很简单的，我们魔法星球有几千个物种，每个物种都有自己的语言，光是我们鹦鹉家族就有很多种方言。我在魔法学校选修了12门课，12门课的教授讲的语言都不同，我几乎每选一门课就要先学习一门语言，所以我对外语的学习已经是轻车熟路啦！"

"我的天啊，学那么多外语，那你还有时间睡觉吗？"

"怎么没有？恰恰相反，我睡得很充足，你知道我学记忆术的时候第一次翻到什么魔卡吗？"

"翻到谁了呢？"

"是一个懒鬼！他教我平时在睡觉的时候学习就可以了。"

OO的眼睛顿时像灯泡通了电一样亮了起来："真的有这么好的方法吗？快教教我吧！"

"很简单，学外语只要多听，创造语言环境，培养语感就行。"

"切，谁不知道？我们班主任也经常这么说。"

"说是这么说，但做起来就不一样了。这个'懒鬼记忆法'的威力就在于：不用跑到外国都可以创造很好的语言环境。"

"哎，我说飞天，你就不要再卖关子了，快点说完吧！"OO有点着急了。

"很简单，就是在你睡觉的时候播放你要学的那门外语的录音就可以了。白天也可以，刷牙、洗脸、坐车、排队什么的都可以播。"

"啊，那我不是不用睡了？"OO想着每天晚上睡觉都在周围播英语，那不是要做很多恶梦？

"嗯，诀窍就在这里了：你不用播得很大声，把声音调小到甚至你觉察不到都可以。"

"啊？这样哪能记住啊？"OO对飞天说的方法半信半疑。

"你要相信潜意识的力量！我们晚上虽然睡着了，但潜意识还是在活动的，它就像一个精力充沛的小精灵，能时时刻刻帮助你学习、思考。就像你昨天在路上遇到一个幼儿园同学，你觉得他很熟悉但叫不出名字，你后来也没有多想，可你回家后就想起了他的名字，这就是潜意识在工作。"

OO不禁佩服飞天的神通广大，连他昨天跑出去玩的事情都知道了

（显然他并不知道飞天使用了消形术）。

飞天见OO不作声，以为他不相信潜意识的力量，就继续说："你听说过梦游吗？梦游的人虽然处于睡觉状态，但他们大多能避开周围的障碍物，这就是潜意识在工作。"

"嗯，说起来，我也曾经跟爸爸看过一个神奇的表演，台上有个魔术师请一个看上去很柔弱的女人上台，让两边的人抬起她，然后对她说什么'你的身体会变硬，硬得就像一块大石头'，然后又叫一个大人坐到她身上，她居然抗住了！"

"这叫催眠。"飞天笑着说："催眠运用的就是潜意识的力量，大脑的潜能是无限的！"

"嗯呐，那这么说，我真的可以在睡觉中学习咯？"

"当然可以啦！"

"太好了，我今晚整晚来听，明天测试去拿第一名！"

飞天不禁笑了起来："哪有那么容易，这又不是变魔术，你起码要积累一段时间吧！不过你想快速提高自己的英语水平，还有一个方法可以加码。"

"什么好方法？"OO的眼睛又开始发亮了。

"我来到地球以后翻过一次魔卡，你猜猜你我翻到什么了？"

OO摇摇头。

"我翻到一个歪果仁。"

"歪果仁？魔卡里还藏着零食啊。"

"歪果仁就是外国人啊，我跟幽默大师学的。我在你们地球人出版的书里也有也见过一个叫七田真的教授，教他们国人（日本）用这种方法学英语，收效也不错。那里面有个倍速听记的理论，我把它叫做'**外星人听记法**'……"

"怎么样倍速听记嘛？"OO对是谁的什么理论一点兴趣都没有，他更关心的是怎么样可以提高他的英语成绩。

"就是把英语录音调至多倍速听记，两倍速、五倍速甚至是十倍速地听，这样既可以帮助你跟上外文的快语速，还可以帮助你快速输入大量此类语言的信息，创造语言环境。"

"那我今晚整晚速听，是不是明天就可以去跟英语老师对战啦？"OO期待的是飞天给他一颗仙丹，吃了英语马上变得厉害起来。

飞天听了有点儿生气了："OO，做什么事情都不要想着一步登天！你既不去做又不想去练，再好的方法也帮不了你！而且不用你说出来，潜意识也能辨识你是否用心去做，如果是你真正发自内心地想去做好，潜意识是不会不帮助你的！"

OO被突然严肃起来的飞天吓了一跳，低下头盯着自己课本后面的单词表，不敢作声了。

飞天心想自己是不是有点过了，她虽然痛恨OO的懒怠思想，但是觉得眼前这个小男生还是挺可怜的，想起他在音乐课上说要自己作曲唱谱那个淘气的样子，现在怎么一点灵气都没有了呢？她缓了一下，轻声问："你是在为这些单词发愁吗？"

"是啊，我想把这些单词都记住，我真的想学好。"OO还是低着头，嗓子有点哽咽。

飞天问："那你会自然拼读法吗？用这个方法记单词可以做到'听音能写，看词能读'，很适合你们小学生用。"

"不会。"OO的头刚抬起的头又低下去了。

飞天问："那你会音标吗？只要你知道一个单词怎么读大概就能根据音节拼写出来了。"

"会……"OO说了一半又改口了："不，不会。"其实妈妈给他报过一个音标班，只是他学完以后还是有很多音标记不住，所以见到音标还是不会读。OO的头埋得更低了，此刻的他觉得自己是那么不学无术，只好默默拿起笔开始抄单词。

正在这时，飞天的右脚突然弹搐了一下，脚上那个银环又开始有反应了：一种从未有过的钻心的疼痛！是符旦骇怪！飞天此刻也顾不上OO了，扑腾着翅膀直扑窗外……

然而飞天并没有找到那只骇怪，她追踪了一段路程，指引信号越来越弱，最后完全消失了，这次追踪又以失败告终！回到OO那里，见他还在托着腮抄单词，上眼皮已经在跟下眼皮打架了！

"还是我来帮你吧。"飞天落到OO面前说。

OO一看是飞天回来了，顿时来了精神，愁容也得到了舒展："我就知道你不会丢下我的。"

飞天看了看单词表，看见有几个单词确实挺长的，单凭死记硬背在这么短时间是很难做到的。她决定搬出自创的"飞天联想记忆法"。在语言学习方面，飞天真的是很有心得！

January/ 'dʒænjʊərɪ /一月
【助记音】
【拼写拆分】
【联想】

February / 'febrʊərɪ / 二月
【助记音】
【拼写拆分】
【联想】

March / mɑ:tʃ / 三月

【助记音】

【拼写拆分】

【联想】

April / ˈeɪprəl / 四月

【助记音】

【拼写拆分】

【联想】

May / meɪ / 五月

【助记音】

【拼写拆分】

【联想】

June / dʒu:n / 六月

【助记音】

【拼写拆分】

【联想】

July / dʒuˈlaɪ /七月

【助记音】

【拼写拆分】

【联想】

August / 'ɔːɡəst / 八月

【助记音】

【拼写拆分】

【联想】

September / sep'tembə(r) / 九月

【助记音】

【拼写拆分】

【联想】

October / ɒk'təubə(r) / 十月

【助记音】

【拼写拆分】

【联想】

November / nəu'vembə(r) / 十一月

【助记音】

【拼写拆分】

【联想】

December / dɪ'sembə(r) / 十二月

【助记音】

【拼写拆分】

【联想】

飞天知道OO很惧怕学英语，于是决定从简单的单词开始引导OO。她指着March / mɑːtʃ / 三月 这个单词，想让OO尝试着用音标拼读出来。可OO对着单词半天就是读不出来，只是低着头，拿着笔在纸上乱画。

难道是因乌及屋？飞天心里琢磨着，就带着OO读了起来："March、March，你看，它的发音就像'马儿吃'；它的拼写拆分开来就像马儿（mar）吃(ch)的拼音，你可以想象三月的草刚长出来，马儿就开始吃了！这样这个单词的发音和拼写都可以记住啦！"

March / mɑːtʃ / 三月

【助记音】马儿吃

【拼写拆分】mar（马儿）+ch（吃）

【联想】三月的草刚长出来，马儿就开始吃了！

OO还是没有作声，只是点点头，手还在纸上不停地画着……

飞天凑过去一看，原来OO在画一匹马吃草呢。OO画的马儿虽算不上精致，但简单几笔却能精准表达意思。飞天不禁轻声赞叹道："画得挺好的，而且你画画的效率很高呀！"

OO正拿着笔准备再修饰一下画的那匹马，听到飞天这么说就停了下来："您不是取笑我吧，我这是乱涂乱画，平时在学校都是要被老师批评的。"

"怎么会取笑你呢？你能把图画出来，说明你图像能力很强，这对学记忆法可是很有帮助的呀！"

OO听了心情好了起来："真的吗？我平时就是喜欢画点东西，我觉得很有意思，不过老师们都说我不守规矩，我妈也因为这个训我好几次了。"

飞天听了挺替OO难过的，这么有生命力的做法怎么会得不到支持呢？她于是再次肯定了OO："我觉得拥有这项能力挺让人羡慕的，要不你也给我们接下来的想法加点插图吧！"

OO直了直身子，说："好呀，那我们赶紧开始吧！"

飞天于是拿"April、May和June"这几个相对比较简单的单词给OO举例，讲解怎么记住一个单词的发音、拼写和意思。

OO一边听一边画插图，还把"愚人节"画成了一条鱼！飞天也没有阻止他自由发挥。OO还从没试过这么开心地记单词，不知不觉就把单词记住了。

April / 'eɪprəl / 四月

【助记音】阿波罗（太阳神）

【拼写拆分】ap（阿飘）+ril（日落）

【联想】四月一日愚人节，阿飘在日落后扮成阿波罗。

May / meɪ / 五月

【助记音】美

【拼写拆分】ma（妈）+y（衣叉）

【联想】"五一"劳动节，美妈拿着衣叉劳动了一天。

June / dʒuːn / 六月

【助记音】俊

【拼写拆分】jun（俊）+e（鹅）

【联想】六一儿童节我要出演一只俊鹅。

飞天见OO慢慢进入状态，就引导OO把注意力转移到比较长的单词上，也希望OO发挥他的想象力参与进来。她指着一月份的单词（January/ 'dʒænjʊərɪ /）说："你看，这个一月，January、January，像不像你们的语言'捐有礼'的发音？"

OO也开始跟着念叨起来："January、January、捐有礼，一月一捐款就有礼，哈哈。"

飞天开心地大笑起来，心里很替OO高兴，没想到他领悟得挺快的，还懂得用"捐有礼"这条发音桥梁把January和它的意思（一月）联系起来："很好！看你一下就记住一月份怎么读了吧！其实学习语言真的很简单，只要你大胆把它跟你的母语联系就可以了，发挥你的想象力，你甚至可以把这个单词也拼写出来。"

OO有点为难地道："啊？拼写？很难的。"对于很多人来说，记住一个单词怎么读并不难，读几遍基本能辨认了，但拼写却很难，特别是一些长单词。OO就更难了，平时他记单词，反复读很多遍才勉强记住，好不容易记住了，第二天听写又忘了。

飞天不慌不忙，魔法棒一点，现出全息屏，屏幕闪烁，January被切成三份：

Jan-u-ary

捐有礼

"你仔细观察一下，Jan像不像'捐'的拼音（juan）？"

"嗯，是呢，不过'u'跑到后面去了。"

"对，观察得很仔细。我们可以把它们一一对应起来，再看中间那个'u'，发的音像不像'有'？"

"像！不过'ary'跟'礼'不是很搭吧。"

"'a'是一个，'ry'是人鱼，礼物是一条人鱼！你能想到这个图像吗？"

"能啊，我还能画出来呢！"说着OO就拿起笔画了起来，没一会儿又画好了。

飞天看着OO画的图，由衷地赞叹道："你真的好会画呀！"

OO不好意思地笑了："我就是随便画画的。"

"随便画也画得这么好！那你现在记住这个单词了吗？"

"记住了！捐——Jan；有——u；礼——ary，礼物是一条人鱼；捐有礼——Jan-u-ary，一月捐有礼，其他月份捐不理！"

January/ 'dʒænjʊərɪ /一月

【助记音】捐有礼

【拼写拆分】Jan（捐）+u（有）+ary（一条人鱼）

【联想】一月是一年新开始，捐款有礼，礼物是一条人鱼。

"你拼对啦！"飞天不禁欢呼起来，"好，我们继续'二月'！先来读读，观察一下，二月跟一月有没有相同的地方？"随即，飞天便把一月和二月的单词放在一起：

January/ 'dʒænjʊərɪ /一月

February / 'febrʊərɪ / 二月

"我发现啦！二月和一月后面有4个字母是一样的，都是'uary'！"

"对啦！而且它们的尾部发音也是一样的，所以我们也用刚刚的助记音来记一下：January、捐有礼；February 、February、飞镖儿有礼。怎么把'二月'和它的发音关联起来呢？"

"我知道！二月嘛，画两个人，两个人在玩飞镖儿，飞中就有礼！"OO一边说一边利索地把图画了出来。

"哈哈，画得不错。提醒你一下，这个单词的拼写，飞（fei）对应'fe'，镖儿对应'br'，稍微变一下就行了，后面的跟一月份的'有礼（uary）'一样，是不是很简单？"

February / ˈfebrʊərɪ / 二月

【助记音】飞镖有礼

【拼写拆分 + 对比】fe（飞）+br（镖儿）+uary（有礼）

【联想】2个人（二月）玩飞镖儿，飞中就有礼。

OO试着对比'一月'，把'二月'的单词拼写出来，果然可以，一点也不难！

飞天欣然总结道："这种亲戚类比法在我们学习中是经常运用到的。你仔细观察一下，12个月中还有哪些单词是可以用这个类比法的？"

"哦，我发现啦！"OO开心地指着后面几个单词说，"这后面四个月份——9月、10月、11月和12月，它们都是以'ber'结尾的！"

"很好！你找出来了！"飞天说完，突然神秘地说，"我还发现了，在每年的9月11月和12月。鹅都会跑到山上，修炼出六只耳朵来。"

"哦？"

"你瞧瞧，鹅代表字母'e'，字母'm'像山，字母'b'像6，耳朵对应的是'er'呀！"

"哦，我知道了！"OO开始没明白，仔细一看，原来是9月、11月、12月这几个单词都是以"ember"结尾的！

September / sepˈtembə(r) /九月

October / ɒkˈtəubə(r) / 十月

November / nəuˈvembə(r) /十一月

December / dɪ'sembə(r) /十二月

"看吧，其实记单词很简单，这四个单词我们一下子就解决了一半！"

这时候快要十一点半了，OO却睡意全无，他激动地说："是挺简单的！谢谢您，师父！教我这么好的方法，我明天不用抄100遍啦！"

飞天听到OO叫自己"师父"，心里升起一种从未有过的责任感，她心想：一定要把他教好！看着时间也不早了，飞天考虑到OO第二天还要上学，于是对OO说："这样，我们现在先把单词记下来，你做一下笔记，插图可以后面有时间再画。待会我再教你复习的方法！保证你能记住！"

"好的。"OO在飞天的带领下把剩下的单词也记下来了。

September / sep'tembə(r) /九月

【助记音】升天吧

【拼写拆分】se（色）+pt（盼头）+e（鹅）+m（山）+ber（6只耳朵）

【联想】黑色九月开学了，想像鹅那样跑到山上修炼出6只耳朵是没有盼头了，不如升天吧。

October / ɒk'təubə(r) / 十月

【助记音】额头吧

【拼写拆分+对比】o（月饼）+c（咬了一口的月饼）+to（谐音'吐'）+ber（6只耳朵）

【联想】放到十月的月饼，咬了一口就吐出来，摸摸额头吧，看看有没有发热……

November / nəu'vembə(r) /十一月

【助记音】弄微博儿

【拼写拆分+对比】 no（没有）+v（微博大V）+ember（相同的结尾）

【联想】去年十一月开始弄微博儿，至今没有一个大V关注我。

December / dɪˈsembə(r) /十二月

【助记音】第三遍

【拼写拆分+对比】 de（德育）+c（测试）+ember（相同的结尾）

【联想】十二月是一年最后一个月，德育测试都做第三遍了。

July / dʒuˈlaɪ /七月

【助记音】猪来

【拼写拆分】 ju（菊花）+ly（龙眼）

【联想】七月学校放暑假，猪来了，用菊花和龙眼精心伺候它们。

August / ˈɔːɡəst /八月

【助记音】噢，哥死

【拼写拆分】 au（哎呦）+gust（骨酸疼）

【联想】八一建军节，要站军姿，哎呦，骨酸疼啊！噢，哥死了算啦！

　　第二天回到学校，第一节就是OO最讨厌的英语课，但他并不害怕听写的到来，这还是人生的头一次呢。他昨晚在睡觉前按飞天的指导，请来"懒鬼"，对自己的潜意识发出了"睡觉时复习单词"的指令。今早他起来回忆了一遍，十二个月份的单词果然还记得很清楚！

　　听写的环节终于到了，英语老师每念一个单词，OO都能够根据发音反应出单词的拼写和意思，而且下笔速度非常快，真有种"行云流水"的感觉。当听写本交上去的那一刻，OO心里非常高兴：这下拿100分准没有问题！

可问题偏偏就来了，下午英语老师过来发听写本，把那沓听写本搁在班长高冰的桌面后，就走到OO面前，问："欧圆同学，你为什么要作弊？"说着，英语老师就把OO的听写本甩给他看。

OO被问得莫名其妙，打开自己的听写本，上面全部单词都打了勾，可就是没有分数。他顿时生气了："我没有作弊！"

英语老师也是愠色不减："还不承认自己作弊？这次听写全班就高冰一个人拿了100分，你就坐在高冰后面，也全都写对了，不是作弊你能写得出来？"

OO听了快要气炸了，看了一眼高冰，想起那天教导主任接电话的情形，就大声说："我没有作弊，高冰才作弊！"

他的辩驳遭到了高冰恶狠狠的瞪眼，英语老师也没有好气："还狡辩，还好意思说人家作弊！你就老老实实给我抄100遍吧！"说完英语老师转身离去，没有给OO一点解释的余地。

只听得高冰给他扔下一句"恶有恶报！"，就去发本子了。OO气得一拳捶在课桌上，那桌子像要被震裂一样，连桌面上的尺子都蹦离了桌面，似乎也在为他打抱不平……

OO心里堵得慌，又无处申诉，一个下午的课都没有听进去。没想到放学一进家门，他就被妈妈用鸡毛掸子拦住了。妈妈质问道："圆圆，老师今天给我打电话了，你为什么要作弊？"

OO连忙解释："妈，我真的没有作弊！"

欧妈的鸡毛掸子还是不依不饶："你竟然还抵赖！你成绩不好也罢，现在还学会了作弊！"

"我没有作弊！"OO再次强调。

欧妈见OO居然还不认错，本来只是想拿鸡毛掸子震慑一下他的，这下可真的怒了，忍不住抽了OO一下："快去给我抄100遍！"OO抱着书包直楞楞地站着，心里的闷气终于像山洪暴发一样喷涌出来："我都说了我没有作弊，你打我干什么？！"他听见自己歇斯底里的喊声，同时看见拿着鸡毛掸子的妈妈跌坐在沙发上……

其实欧妈并不是那种蛮不讲理的家长，只是欧爸常年在外面工作，欧妈平时独自照顾OO，既当爹又当妈的，好不辛苦。眼看快要小升初了，欧妈给欧圆找了许多补习班都不见成绩提上来，班主任的投诉电话接二连三的，这下还通报过来说儿子作弊，真是气不打一处来啊！

说实话，谁又会相信一个经常不及格的差生突然拿到100分呢？而谁又会相信是一只鹦鹉教他把单词全部记住了呢？OO看见妈妈的十个手指头都插进了头发里，尽管低着头，但身体微微的颤动还是能让人感觉到她在咬唇啜（chuò）泣。他呆在原地好一会儿，才小声说："妈，不要生气了，我现在就进房间抄。"

尽管OO不想看到妈妈为他的学习担心，可这100遍真抄得有点不服气！况且这样抄抄抄真的好吗？整个抄的过程，OO只是在机械地重复前面的笔画而已，完全不知道自己在写些什么，写着写着，字都不像字了……

他开始想用通天码找飞天鹦鹉了，只是飞天昨天说了，她要去找"符旦"骇怪，现在肯定顾不上他了。可正当他抄得头昏眼花的时候，一道亮光闪过，飞天鹦鹉出现了！OO揉了揉眼睛：不是在做梦吧？

OO并不是在做梦，的确是飞天来了，因为指引信号又在OO家附近显现了。她担心骇怪袭击OO，就现身了。当她了解到OO被冤枉作弊要抄100遍的时候，也为OO打抱不平："OO，你可以证明给他们看的，下次听写你还可以拿100分！"

OO却振作不起来："唉，算了吧，要不是有师父您教我，我一个单词都记不住的。"

这句话让飞天沉默了：对喔，这种方法是自己创造的，自己只是送了几条鱼给○○吃，可他根本不会捕鱼啊。自己又不能天天在他身边，这样下去早晚也会断粮的。

这时她的脚环又有动静了，不好！说不准骇怪就在外面！她急忙用魔法棒点了一下○○的抄写本，100遍抄写"唰唰"几下就完成了。她丢下一句"我先走了……"，就急匆匆地飞扑出去了。

第四章

学做菜

——英语单词记忆方法提升

CHAPTER 4

一连好几天，飞天鹦鹉都没有出现，期间又有一次英语听写，20个单词OO只勉强写对了11个，还是不及格。当高冰把听写本发给他的时候，淡淡地说了一句："55分，没有作弊很棒哦。"OO气得一天都不想说话。这促使他下定决心要念熟通天码，再找师父想想办法才行！

很多问题只要你愿意花时间，就容易解决。OO也没练多少遍，就达标了，而且最快的那次只用了17.1秒！随着OO的笔尖滑动，在念出最后四个数字"0679"那一刻，飞天鹦鹉在一片玄幻光影中出现了。

"OO，你知道你妈病倒了吗？"没想到，飞天一出现带来的却是个坏消息。

"啊？！我妈怎么啦？"OO开始着急起来。

飞天变出一个水晶球，念了几句"鹦语"，水晶球开始转动起来，继而浮现出各色各样的影像，最后水晶球停止转动，球体里生起亮光，倒映的正是妈妈上班的地方。他看见妈妈坐在办公桌前，脸色发青，嘴唇发白，但仍强忍着敲着键盘，只听得她的领导喊她进办公室，她一站起来，就晕倒在地上，眼前一片漆黑……

"我妈现在怎么样了？"OO见水晶球突然黑了，越发焦急。

"不用担心，你妈只是血糖低，加上操劳过度，一下子供血不足晕过去而已，现在已经没有大碍，但估计回来就很难照顾你了。"

OO听了心里不是滋味，妈妈今天早上出门才答应今晚回来做他最喜欢吃的胡萝卜牛腩饭的，没想到突然就病倒了，爸爸又不在家，自己可怎么办？妈妈又怎么办？

飞天见OO一脸忧伤的样子，又看见OO打开的英语书上写着"cook"这个单词，便提议说："OO，你可以给妈妈做顿饭啊，她回来看到一定会很开心的。"

OO面露难色，说："可是、可是我作业还没做完，明天还要听写单词……"OO的这个回答真让飞天感到痛心，妈妈都病倒了，难道连这份孝道都不肯尽吗？飞天目光炯炯地盯着OO，害得他不敢抬头看一眼。

飞天鹦鹉可能不知道，在这个星球，特别是她到达的这个国度（中国），这种情况是很普遍的。很多家庭都把孩子的学习成绩摆在第一位，平时家务活什么的都可以不管，只要把学习顾好就行，欧圆家也不例外。所以，当OO听到飞天叫他给妈妈做顿饭的时候，甭（béng）提有多为难了。他想到妈妈工作那么辛苦，自己在学校又那么不听话，总给妈妈惹麻烦，现在妈妈生病了又帮不上忙，只能双手抱头，默默流泪。

飞天看到OO这个样子，不禁又心软了。她突然想到个办法，于是对OO说："这样，我现在带你去买菜，路上边教你用记忆法记单词，怎么样？"

"真的可以吗，师父？"OO抬起头，擦了擦眼角的泪水。

"当然可以，我今天教你'捕鱼'！"飞天乐呵呵地说。

"我不要鱼，我要给妈妈炖鸡汤补一下，还要学做胡萝卜牛腩饭。"OO显然没有理解师父说的"捕鱼"是要教他方法，连忙说出自己的想法。

飞天笑着说："很好，那你先列一下要买些什么吧，待会带你去准备食材。"

OO一边回想跟妈妈去超市的时候妈妈买的东西，一边认真地在本子上列了起来：

1.胡萝卜

2.牛腩

3.鸡肉

4.人参

5.姜

6.胡椒粉

他一列完就说："走，我们去超市吧，时间不多了，妈妈快下班了。"

飞天只是微微一笑，没说话，随即变出一面魔镜，是个笑容可掬的圆脸，还张嘴说话了："我是有求必应的魔镜，你在这里下单就能得到你想要的食材。不过天下没有免费的午餐，你接下来需要过五关斩六将哦！请看第一关！"

此时，OO眼前呈现出一片蓝天，接着空中飘来三个小型氢气球，每个氢气球下面吊着一个菜篮子，分别贴了不同的标签：

1. fish   2. car   3. carrot

这时候魔镜说："请主人按照您需要的食材选择篮子，只需要划断相应篮子的绳索就可以了。"

我的妈呀，怎么考我英语啊！OO暗暗叫苦，眉头蹙（cù）成一个"川"字。

"冷静点，你能答对的！"飞天提醒OO说。

OO定了定神，开始细细分析起来："1是鱼，我不要鱼；2我也认识，是小汽车，肯定不是2；3这个不知道是什么，但是1和2都不是我想要的，那就选3吧。"OO说完，就大胆地砍断了第三个篮子的绳索，瞬间出现一个魔法彩蛋，继而桌面上就出现了一堆胡萝卜！

"哇，好刺激，我还要玩第二关！"OO兴奋地大叫着。

没想到飞天泼他一盘冷水："后面的题目会更难哦，你真的要继续碰运气吗？"

"我不信，我运气一向很好的！"OO没有听飞天的劝告，按了下一题的按钮。魔镜里的小圆脸依然笑脸相迎："请主人先说出第二关入关口令，口令就是您刚刚选择的那个单词。"

OO呆了，自己刚刚是用排除法做的，根本不知道那个单词是什么。他没辙了，只得转向飞天："师父，我错了。"说着，既委屈又期待地看着飞天："您能不能给我提点一下？"

飞天简直拿他没办法了，就跟OO说："要过全部关口，必须懂所有食材的单词，听说读写都要会。"说着，飞天一挥翅膀，在全息屏上映出OO单子上的6个单词：

1.carrot / ˈkærət / n. 胡萝卜

2.sirloin / ˈsɜːlɔɪn / n. 牛腩

3.chicken / ˈtʃɪkɪn / n. 鸡；鸡肉

4.ginseng / ˈdʒɪnseŋ / n. 人参

5.ginger　/ˈdʒɪndʒə(r) /　n. 姜

6.pepper　/ˈpepə(r) /　n. 胡椒粉

第二个单词飞天本想采用牛腩的书面表达"beef brisket"的，考虑到OO还是小学生，又是初学者，就采用了"sirloin"这个比较通俗的表达。

飞天指着第一个单词说："我们先来认识一下胡萝卜，它的英文名叫：carrot，来跟它打声招呼吧！"

"carrot、carrot、carrot！"OO习惯性地读了三遍。

"你记住胡萝卜的英文名了吗？"飞天问，她想知道OO的天生记忆力怎么样，因为她自己读几遍是能记住单词的发音的，不需要每次都用助记音，少数较难的单词除外。

"记住了，carrot。"OO果然回答出来了，他的天生记忆力不错，只是缺少记忆方法，不知道怎么运用自己的能力而已。

飞天继续引导OO说："好，那下面我们来找找胡萝卜失散多年的兄弟，carry这个单词你认识吗？"见OO不好意思地摇了摇头，飞天只好放弃这种找亲戚类比的方法，转而引导OO寻找carrot里熟悉的单词。

"我知道这个，car是小汽车。"OO见师父并没有责怪自己不认得那个单词，信心又回来了。

"很好，那后面这个rot（rot / rɒt / 腐烂）呢？"

"不认识……"OO又开始不好意思了，只恨自己以前背的单词太少！

"没事，英文不认识没关系，看看能不能跟你的母语拼音联系起来？我知道你的想象力是很好的！"飞天很宽容，还是没有要责备OO的意思，还鼓励了他。

OO顿时来了精神，说："我觉得这个rot像肉的拼音rou，呵呵。"

"嗯，不错！你的想象力确实很好！就注意一下后面这个字母是t不是u就行。"飞天为OO的想象力欢呼，又继续引导他说，"你试试用你超凡的想象力把car（小汽车）、rot（rou肉）和胡萝卜联系起来吧。"

　　OO只思考了片刻就回答："我知道怎么连了！我想到用胡萝卜做的小汽车（car）去装肉（rou）！"

　　飞天挺满意OO的想象的："你想象得很不错呀！如果是我，我还会这样记：我的小汽车（car）要装胡萝卜，所以把多余的肉（rou）踢（t）走了！我这里的踢就是最后一个字母t哦。"

car　　　　　　　　　　rot

　　"嗯，c-a-r-r-o-t——carrot——胡萝卜，我记住了！第二关的入关口令拿下啦，耶！"OO很高兴，这种方法既简单又有趣。

　　"不要高兴得太早，你还有其余5个单词呢！"飞天冷静地提醒道。

　　"嗯，是的，师父，第二个单词怎么读啊？"OO这下没有盲目自大了，主动请教飞天。当他听飞天说牛腩的英文名叫"sirloin"的时候，他开始乐了："西冷？这不是妈妈上周带我去吃的牛排嘛！"

　　"是的呀，都说你的联想能力很不错的啦，一下子就想到了！那你找找sirloin里面有没有你熟悉的单词吧？"

　　"Yes sir!"OO顿了一下，立刻激动起来，"哈哈，这个sir，我认识，就是Yes sir的sir！然后，然后这个l-o-i-n是狮子吧？"

飞天笑着说："呵呵，你能找出这两个很不错！不过呢loin不叫狮子，它叫腰肉。如果是要借助lion（狮子）来记的话，那可以把它看作一头狮子（l-i-o-n）追上一只狐狸（l），大口（o）一张，狐狸就进了狮子身体里面（in）成了腰肉（l-o-i-n）啦！你记住，如果单词前面两个字母是'li'，那么狐狸还没有被吃掉，这个单词叫狮子（lion）；如果单词前面的字母只是'l'，'i'跑到后面了，说明狐狸已经进了狮子肚子里，那么这个单词就是腰肉，能区分吗？"

"哦，明白啦！那'西冷'连起来就是：老师（sir）的腰肉（loin）是牛腩，哈哈哈！"OO说这个联系的时候，脑袋里sir的形象是他的英语老师，所以忍不住笑了起来。

"好，那拼写呢？"

"s-i-r-l-o-i-n，西冷，sirloin，对吗？"

"对啦！你又记住了一个！"

"真是太好了，师父您赶紧教我把剩下的单词都记了吧。"

"剩下的单词我只指引你读，记就要靠你自己咯！"飞天发现如果OO每次记单词都这样依赖她，那下次遇到新单词还是不会记的，于是决定狠心一点，不再手把手教OO了。

"那怎么行，我自己根本记不了的。"OO有点沮丧，他对英语还是没什么信心。

"不会的，你们小学生的想象力天生就好，只要发挥你的想象力大胆联想就行了。"飞天见OO没有作声，想了想说："这样吧，如果你愿意自己尝试，我就送你一张新魔卡，而且这张卡很特别，是个有装备的角色卡。"

"真的吗？是什么角色的魔卡呢？"OO的兴趣来了。

飞天摸出一张记忆魔卡，平递给OO："你来翻一翻吧！"

OO迫不及待地翻过来，看到是一个戴着白色高帽的厨师，然后突然大笑起来："哈哈，他的装备是个平底锅！"

厨师说话了："呀，你也喜欢平底锅啊？看来你对做菜挺有研究哦！"

"没有，没有，我根本不会做菜啦！"OO连忙解释道。

"不会可以学呀！下厨是件快乐的事情，我通常是先想好菜式，然后准备食材，下锅，上菜！嗯，那个香啊！"厨师闭上眼睛陶醉地说着，仿佛一桌子香喷喷的菜就在眼前一样。

OO也喜欢吃，可他现在要急着通关呢，于是说："可我还要记单词啊！"

厨师笑着说："对呀，我刚刚就说了记单词的诀窍！"

"什么呀？"OO不解地问。

"记单词用做菜四步法就可以了，就是我刚说的'想菜式、准备食材、下锅、上菜'这四步。"厨师一边说一边用手指比划出"1、2、3、4"四个步骤，见OO只是愣愣地看着他，于是指着全息屏上第三个单词"chicken"说，"这个单词你还没记吧？"

"没有。"

"那我们就以这个单词为例吧。我们遇到一个英语单词，首先要想想用什么方法来记它，就像做菜前首先要想好菜式一样。你觉得'chicken 鸡肉'这个单词用什么方法来记好呢？"

OO的小调皮来了："我觉得啊，死记硬背最好了！"

飞天在旁边忍不住扇了扇翅膀，对OO说："好好说话呀！"

厨师并没有否定OO："嗯，如果一个单词我们读几遍就能记住了，那'死记硬背'也可以的。那你试试读一下这个'chicken'吧！"

"chicken，chicken，c-h-i-c-k-e-n——chicken，鸡、鸡肉。"OO读得可谓一气呵成。

"记住了吗？"厨师问。

"没有。"OO摇头。

"那你还是想想用什么方法记好了。"厨师说。

OO不会自然拼读，他看了一眼飞天说："我可以用我师父的飞天联想记忆法吗？"

"当然可以呀！"厨师回答说，"确定方法后我们就来走第二步——准备食材。厨师厉不厉害看刀功，我们首先要学会怎么切单词。"

"切水果我就玩得多了，切单词不会。"OO小时候经常在妈妈的手机上玩"切水果"的游戏。

厨师继续说："有些食材是不用切的，我们可以先放一边。就像你要炖鸡汤，那只鸡是可以整只放进去的。这种在切单词（拆分单词）里叫做熟词，就是我们认识的单词，相当于那些不需要再切块的食材。"

"那牛腩要切吧？我不想做成牛排哦。"OO已经在想象自己在动手了。

厨师说："做牛腩饭，牛腩当然要切啦，而且要按照纹路来切，这个我待会儿会教你的。那记单词也是一样，当我们把整鸡一类的熟词找出来后，就要研究那些不是熟词的部分该怎么切分才好记了。当然怎么切是由你自己决定的，有的人语音学得很好，可以按照音节来切。"

"我的语音不好。"OO很坦诚地说出自己的不足，同时暗下决心要把音标学会。

飞天在一旁鼓励OO说："条条大道通罗马，语音不好你还可以根据拼写来划分啊！有哪些拼写并在一起能让你想出点什么的，你就切到哪里。比如我们之前记的January（一月），我们觉得用juan好记我们就切到janu那里；后面那块ary虽然不好记，但我们可以变通一下，把它想象成一条人鱼，那ary也成一个小整体了。"

厨师接话说："是的，没有人天生就会，都是熟能生巧。来，你看看怎么切这只鸡吧！"厨师说着指了指"chicken"这个单词。

OO研究了一下说："我觉得可以把它切成三块：chi-c-ken，前面chi是吃，中间c像夜晚的月亮，后面ken是啃。"

飞天赞许道："嘿，切得挺好的！"

"对，这调料也加得不错！"厨师看到OO已经把切块的单词进行了想象加工了，也没有吝啬他的称赞。他继续跟OO展开第三步："食材准备好了，下面我们就要把菜下锅咯！煎炸炒、焖焗炖随你喜欢！只要能把你切好的词块跟单词的意思或读音联系起来就行了。"

"怎么煮都可以？"OO盯着那只"鸡"（chicken）问。

"对，怎么组合都可以，加大火候尽情煮吧！"厨师说。

"嘿嘿，那我就这样煮——今晚（c）吃（chi）鸡，大吉大利，吃不了啃（ken）泥！"OO说着像鸡一样"咯咯"笑了起来。

厨师也乐了："哈哈，好像做得挺香的。接下来要上菜咯，尝尝你做的菜味道怎么样吧！"

"啊？真吃啊？"OO疑惑了。

"这第四步是上菜尝味道呀，就是要上碟检验一下我们是否把这个单词记住了。"厨师说。

OO自信地说："我记住啦，chi-c-ken——chicken，鸡、鸡肉的意思。没错吧？"

"对的！"飞天开心地回应道。

厨师也点头表示赞许："很好呀！你可以继续去闯关了！"说完就化作一缕烟钻回魔卡里了。

飞天问OO："你学会做菜了吗？"

OO很坦白地说："做菜还不会，记单词倒是有办法了，不过我觉得这四个步骤好麻烦。"

飞天说："哦，麻烦吗？厨师的这个做菜四步法的用处可多了。你现在还不熟悉不要紧，先做一下笔记，后面再慢慢应用消化。"飞天用尽量简洁的语言帮OO梳理了厨师记忆法：

做菜四步法

第一步、想菜式——读一读，想一想，找到合适的方法；

第二步、准备食材——切块和分块联想（最好能出图像）；

第三步、下锅——组合／做关联；

第四步、上菜——验证，查漏补缺。

OO并不十分情愿地做了笔记，一抄完就对飞天说："好啦，赶紧让我通关吧！"

飞天也不再说什么，她知道像单词这种短信息就算不按步骤走也不会有什么大问题，就带着OO认识剩下几个单词。

4.ginseng ／ˈdʒɪnseŋ／ n. 人参

5.ginger ／ˈdʒɪndʒə(r)／ n. 姜

6.pepper ／ˈpepə(r)／ n. 胡椒粉

OO读完就开始记了。只见他对着单词看了不到两分钟就说："好了。"

飞天说："这么快？你给我分享一下你是怎么记的，可以吗？"

OO说："这个ginseng（人参），我用'金参'的音来助记，它的拼音正好是'jin seng'，然后前面这个'g'我就是把它看成一条人参的。"

"嗯，这想法不错！"飞天真有点佩服OO的想象力了，在他脑袋里有多少丰富的图像呀！

"这个'姜（ginger）'，我一看，发现它是'人参（ginseng）'的亲戚。看，它们前面的'gin'是一样的；后面不一样的三个字母'ger'，我想象成'狗耳'；连起来——这块姜就像人参上面长出狗耳朵。"

"哈哈。"飞天笑着表示她很满意，继续问："那最后这个pepper（胡椒粉）呢？你是用paper（纸）记的吗？"

OO挠挠头，不好意思地说："我不知道你那个'佩'什么，但我记得暑假在小姨家住，小表妹天天看《小猪佩奇》，那个peppa我都认得了，我就是用peppa（佩奇）记的，对比两个单词就是结尾'a'和'er'不一样，我想象的是佩奇的耳朵（er）装满了胡椒粉，呵呵。"

"真不错，你的菜做得很有创意，现在可以上菜了。"飞天提醒OO复习一下进行查漏补缺。

"g-i-n-s-e-n-g——ginseng——人参；g-i-n-g-e-r——ginger——姜；p-e-p-p-e-r——pepper——胡椒粉。对吗？"

"全对！现在你可以去闯关了！"

"好咧，师父！"

OO从没试过这么爽，他记的单词全部能背出来，连拼写都可以！继续闯第二关！

OO重新回到魔镜面前，小圆脸已经睡着了，身后的铜色大门紧闭无声。OO大声喊出了口令"carrot"，大门应声而开，迎接他的是三辆马车，这时候小圆脸也活起来了："已为主人准备了一车上等好姜，请主人根据马儿的名字选择对的马车。"

最靠近OO的是一匹高头黑马，它居然开口说话了："My name is June（我叫June）。"

OO笑着说："你确实很俊，不过我知道你是六月（June），不是我想要的姜。"

中间的是一匹枣红色的小马驹，它的声音却不小："I am Ginseng（我叫Ginseng）。"

OO捋了捋小马驹的鬃毛说："谢谢你，我暂时不要人参（ginseng），我现在要先拿到姜。"

最后的是一头白马，它的声音很洪亮："My name is Ginger（我叫Ginger）。"

OO坐上最后那辆马车，拍了拍白马，高兴地说："Ginger兄弟，我就选你了！"说话间，白马已经跑了起来，一转眼功夫已经跑到OO家里来啦。OO打开马车，里面果然装满了姜。他想把全部都卸下来装到厨房里，但想起小时候爷爷经常说的那句"贪字得个贫"，最后还是决定只取两块，就让白马回去了。

这时候小圆脸蹦了出来："恭喜主人克服心中欲念，直通第三关！"

OO顺利进入第三道关门，正得意地往前冲时，被小圆脸大声喝止："主人小心脚下地雷！"OO停住低头一看，脚下正是一片地雷阵，不禁倒吸一口凉气！这时候小圆脸反倒轻松了，打趣地说："这里埋藏的地雷，有的是胡椒粉馅的，有的是炸药馅的，还有的是黑暗料理馅，主人您想要什么呢？"

"我当然是要胡椒粉啦。"

"那请主人说出胡椒粉的英文名。"

"这简单，胡椒粉的英文名是Pepper。"话音刚落，一瓶胡椒粉滚落在胡萝卜旁边，OO脚下的地雷阵则变成了一条石子路，路的尽头是一扇上了锁的木门。

"噢，估计又得说入关口令了。"OO见此情景小声嘀咕。

"主人猜对了，您得说出胡椒粉这个单词的拼写才能进入第四关。"

"胡椒粉，佩奇的耳朵装满了胡椒粉……"OO一边念叨着，突然脑子短路，想不起"佩奇"怎么拼写了。哎呀，重复记忆怎么一到关键时刻就不牢靠了呢？那总得通关吧，于是他试探式地回答："是p-a-p-p-e-r吗？"

没想到劈头盖脸一个回应："对不起，您拼错了，正确答案是p-e-p-p-e-r——pepper！回答错误的惩罚是赤脚走石子路，每走一步拼写pepper一遍！"

OO只得脱了鞋，踩到石子路上："p-e——哎呦！痛死了！"单词都还没拼完，他就大叫起来。

小圆脸却毫无表情地说："主人已犯规。请主人走一步拼写pepper一遍，犯规请重来。"

没有办法，OO只得强忍着脚下针扎般的疼痛，一边艰难地前行，一边鬼哭狼嚎地"撒胡椒粉"。都不知道念了多久，终于走完石子路踏上石板，突然"噌"的一声掉下一把钥匙。六七根钥匙上贴着不同的编号，有标着"67""94""12"……还有标着"14"的。OO想了想，抓起标有"14"（谐音钥匙）那根钥匙去开锁，幸好是对的！锁开了！木门后面是一条大江，江水浊黄，水流湍急。

小圆脸提示说："主人，您已进入第四关，您需要渡过这条大江，到江对面那座山去。"

"哎呦，这么大一条江怎么过去啊，我又不会游泳……"可谓天无绝人之路，OO忽然瞄见岸边有条船，他走了下去，上船后发现有个老渔夫在睡觉，听到有人进来他就醒了。听说OO要过江，老渔夫说："孩子，我今年快80岁了，我年轻时踏遍大江南北，这世上形形种种我都见过了，你若能说出一样东西让我感到新奇，我就渡你过江。"

OO眼珠子转了一圈，笑着说："好，我说一样东西你肯定没见过。有一只动物，它被吃了一半，又被啃了一口，剩下的就像一弯月亮，您能猜出这是什么动物吗？"

老渔夫捋着胡须想了好久都没想出来，最后只得认输了："我想不到有什么东西是这样的，请你告诉我吧！"

"嘻嘻，这就是洋人说的鸡，他们叫chicken，chi是吃，ken是啃，中间那个c就是吃剩下的半只鸡，像一弯月亮。c-h-i-c-k-e-n，爷爷你也试着拼写一下？"

老渔夫不大明白OO说的是什么。OO拿出纸和笔，边画边解释。老爷爷听明白了，捋着胡子说："新奇、新奇！"。

"爷爷，我再教你一个洋文吧，它叫ginseng…"

船在前行，船上不断传出他们俩的阵阵笑声……

不知不觉到了江对岸，上岸的时候，OO握住老爷爷的手，很感激地说："爷爷，谢谢您教了我这么多。"

老渔夫教了OO什么我们不得而知，只知道OO家里已经添了一只新鲜整鸡和两条人参。

接下来OO将要面对的是第五关，也是最后一关了。

眼前是一座山，山上有一座塔。OO爬上那座山已经累得不行了，平时要是多锻炼身体就好了！OO刚想推开塔门，一只机械臂拦着他，抬头一看竟然是个机器人！机器人机械地说："请按下开门密码。"说着推送给OO一个类似键盘的大界面，上面有26个字母。

OO开始纳闷了，按什么好呢？难道没有其他提示了吗？

这时候小圆脸及时出来提醒他："你得想想现在还剩下什么食材。你得想清楚哦，这是最后一关，也是最关键的一关。一旦密码按错了，前面所有你得到的东西都会消失的。"

OO仔细想了想，开始一个一个地列出来：第一关、胡萝卜，第二关、姜，第三关、胡椒粉，第四关、鸡肉和人参，那就只剩下牛腩了。

嗯，还差牛腩，西冷。他深呼吸了一口气，十分郑重地按下了s-i-r-l-o-i-n六个字母。

还真幸运，宝塔的门在OO按下字母"n"的那一刻打开了。OO还没回过神来，就被一阵旋风卷了进去，他像坐上了过山车一样，突然加速又突然失重，只得闭上眼睛任凭耳边的风呼呼地掠过。当他再度睁眼的时候，他已经回到家里，眼前已经摆好了他需要的六种食材……

这天晚上，欧妈吃得非常高兴（尽管OO把饭烧焦了），她觉得自己的儿子一下子长大了。OO想起自己此前的经历，像是做了一场梦一样。他只告诉妈妈：是一位老爷爷教他做的菜。

飞天在旁边看着，心里暖暖的。当OO跟欧妈聊到有个老爷爷教他做菜的时候，飞天努力不让自己笑出声来，因为OO说的那个老爷爷就是她——她成功地用"融景术"把OO带进了游戏场景，又用"易容术"扮成老渔夫教会了OO做菜。

尽管飞天到现在还没找到"符旦"骇怪，但此刻的她心情无比舒畅，因为她看到OO不再厌恶英语，他在过"老爷爷"那关的时候主动说了英语单词的记忆，而且还懂得变通呢！她相信，OO再把音标或自然拼读法学好，平时多记单词，再坚持用"懒鬼记忆法"和"外星人听记法"培养语感，他的英语会很快提高的，到时候再也不用担心有人说他作弊啦。

第五章

宣战

——语文学科记忆方法

CHAPTER 5

自从用了飞天教他的英语学习方法，OO在英语课上越来越有底气了。这家伙胆子真不小，居然找英语老师谈条件，说如果自己保证每次单词听写都拿100分，那以后的抄写作业就不做了。英语老师想都没想就答应了，因为她根本不相信OO每次都能拿100分。不过这下英语老师可要跌眼镜了。她在听写的时候已经严格监控OO，防止他作弊了，但每次都没有发现异常。反倒是OO每次单词听写都全对，而且在最近几次听写中，有一次连高冰都没有全对，那就很难说欧圆是抄高冰的了。

英语老师一直没抓住OO的什么把柄，最近也看到他在英语课上越来越积极，因此这段时间的英语课堂大家都相安无事。飞天见OO的英语学习渐入状态，就放下心去其他国家追寻骇怪行踪了。然而好景不长，飞天刚到印度，就被OO用通天码召唤回去了，原因是OO这次被语文老师罚抄写了！

飞天不是很明白，怎么这里的老师这么喜欢罚抄写，难道没有别的招吗？还有OO不是挺机灵的一个学生嘛，怎么要被罚抄写呢？

OO一见到飞天，就开始诉苦："师父，快救我呀，让我背东西什么的太难了！"说着把一张卷子摊到桌面。

原来是OO学校最近开展古诗文背诵大赛，语文老师就此做了一次摸底测试，把这个学期学的和以前学的古诗文通通考了个遍，结果是——OO吃了个"鸭蛋"！语文老师罚他抄卷子十遍！

飞天瞧了瞧那张大半是空白的卷子，倒是看见他在开始的几道题上面写了答案：

1."葡萄美酒夜光杯，欲饮琵琶马上催。"一句出自唐代诗人 __王之涣__ 的《凉州词》。（正确答案：王翰）

2. __慈母__ 密密缝，__乌龟__ 迟迟归。（正确答案：临行、意恐）

3.大儿 __打机__ 溪东，中儿 __钻进__ 鸡笼，最喜小儿亡赖，溪头 __抽烟喝酒__ 。（正确答案：锄豆、正织、卧剥莲蓬）

飞天看着卷子，忍住不笑，问○○："你怎么能让小儿抽烟喝酒啊？"

○○理直气壮地答道："老师说他叫无（亡，通'无'）赖啊！"

飞天还是没忍住笑："那这个'乌龟迟迟归'又是什么？"

"我记得这是这个学期背过的诗，说慈母给儿子缝衣服什么的，所以我就填了'慈母'上去。后面的实在想不起来了，只好乱编……"○○顿了顿，接着指着第1题给飞天看，"但这题我可不是乱编的，我很清楚地记得这首'葡萄美酒夜光杯'叫《凉州词》，这可是我爸去年回国的时候教我背的，当时我很快就记下来了！然后这个学期我们书上又有一首《凉州词》，我刚背过不久，我记得是王之涣写的呀！"○○说着打开了他的语文书。

凉州词

[唐] 王之涣

黄河远上白云间，一片孤城万仞山。

羌笛何须怨杨柳，春风不度玉门关。

飞天看了看，确实是王之涣写的，就问○○："那另外一首呢？"

○○好不容易在柜子里找到了他四年级的语文书，一翻就翻到了爸爸教他背的那首《凉州词》，一拍大腿叫道："哎呀，作者是王翰！我还以为《凉州词》都是王之涣写的呢！"

凉州词

[唐] 王翰

葡萄美酒夜光杯，欲饮琵琶马上催。

醉卧沙场君莫笑，古来征战几人回？

飞天看了看说："这'凉州词'是曲名呀，相当于我们平时听的歌，只是两位诗人填了不同的歌词，就有两首不同的诗歌啦。"

"这太容易乱了吧。"

"那你现在能背出这两首诗吗？"

"我爸教我那首《凉州词》我还记得！嗯，就是'葡萄美酒夜光杯，欲饮琵琶马上催。醉卧沙场君莫笑，古来征战几人回？'，对不？"OO一口气背了出来。

"全对！"飞天不禁叫道。

"可我就是把作者给忘了。"OO不无遗憾地说。

"那好办，像这种遗漏掉的信息，你只需要把它跟已经记住的信息关联起来就可以了，像这种问题推荐找魔卡家族里的'幽默大师'或'导演'帮助解决哦。"

"那就是让我把《凉州词》和作者联系起来咯。"

"你这里有两首《凉州词》，所以要多链接一个信息才可靠。我举个例子吧，像唐代诗人王翰这首《凉州词》，我想象流着汗（翰）的诗人把糖（唐代）放进一碗凉粥（凉州词）里，然后一边喝粥，一边吃葡萄（葡萄美酒夜光杯）。能想到这样的画面吗？"飞天问。

"嗯嗯！那王之涣那首《凉州词》，我是不是可以想象一个诗人王子（王之涣）也把糖放凉粥里，然后……然后这首《凉州词》的第一句是什么？"OO前两天背过的诗，现在又给忘了，有点不好意思了。

"黄河远上白云间。"飞天回答。

"对，黄河远上白云间，一片孤城万仞山。万仞山、万仞山……呃……然后呢？"OO又想不起下一句了。

"羌笛……"飞天这次只说了一个词语，看看OO能不能想起来。

"羌笛何须怨杨柳……"

"春风。"飞天又提示了一个词。

"春风不度玉门关！"

"对啦！其实还可以嘛。"飞天拍了拍OO的肩膀，然后有点不解地问道，"我有点奇怪，为什么四年级学的那首《凉州词》你记得那么清楚，这学期学的这首却背得断断续续呢？"

"因为四年级这首《凉州词》是我爸教我背的呀！爸爸当时拿着他的葡萄美酒，还有桌面上的枇杷（琵琶）指着教我的，后来他还装作喝醉酒躺在地上跟我说起国外的生活，说那就是'醉卧沙场君莫笑，古来征战几人回'，所以我到现在都记得很清楚咧！"OO说起爸爸的时候特别兴奋。

"那这学期的这首你又是怎么背的呢？"飞天这时候发问了。

"死记硬背啊，还能怎么背！我爸又不在家……"

"那就对啦，你仔细想想，你爸教你的那首《凉州词》，记的时候是有声有色有场景的，而且还饱含着你对爸爸的感情，所以记得牢。而你用死记硬背记的这首呢，是靠重复的机械记忆记住的，记得快也忘得快呀！"

"死记硬背也不快啊，我都不知道读了多少遍才记住的。"OO扁了扁嘴说。

"所以嘛，既然女娲造人把眼耳口鼻舌都捏出来了，还赋予人类那么丰富的情感，那你在记东西的时候就应该物尽其用，除了可以用图像记忆以外，还可以在记忆的过程中添加声音呀，气味呀，感觉呀等等！"飞天来地球的时候可是专门研究过"人"这个物种的，也了解过中国"女娲造人"这个神话故事。

"对哦！"OO一拍大腿说，"我以前怎么只懂死记硬背呢！师父您就应该早点教我嘛！"

飞天本想说"我不是教过你吗"，但想起自己刚学记忆法的时候也是懵懵懂懂的，也没能做到灵活运用，就改口说："嗯，我现在来教你背王之涣这首《凉州词》吧。"

"这首诗我背过了呀，可就是断断续续想不起来。"

"那就报警啊！"飞天突然说。

"报警？"OO十分不解。

"对，丢了东西找警察！"飞天看到OO一脸迷惑的样子，就不再卖关子了，她递给OO一张记忆魔卡，示意他翻过来。

OO把卡一翻过来，一个警察就跳了出来："小朋友，你也爱丢东西呀！来吧，我教你一个'警察线索法'。"警察说着从资料夹里拿出一份资料，上面竟是一些OO以前背过又忘记了的古诗词。

警察对OO说："像这类我们背过又忘了的内容，每一个信息都熟悉，但被问到时却想不起下文的，我们需要在里面找一条回忆的线索。具体做法是在每一条信息里提取一个关键要素，通常是首字或首词，然后把这些关键要素串联起来，就成为一条线索了。"警察已经在努力地摆脱职业习惯，尝试着用一些通俗的语言来表达，可OO只是看着他不说话。他想想还是要举个例子才行，于是指着王之涣的那首《凉州词》说："来，我们就以这首诗为例吧！我们在每个信息点里提取关键词，像这样……"

凉州词

[唐] 王之涣

黄河远上白云间，一片孤城万仞山。

羌笛何须怨杨柳，春风不度玉门关。

"凉、王之、黄、一、羌、春。"警察边念边用笔划出了关键要素，然后对OO说："在凉飕飕的夜里，一个王子……"

这时候飞天"扑通"一声跳到OO肩膀上，对警察说："警察先生，我觉得您可以让他自己试试呀，他的想象力很强的！"

警察看了飞天一眼说："好啊！"

OO想了想就说："我想到一个穿凉鞋的王子（王之），披上黄（黄河）衣（一）服，带上一把枪（羌笛），去春（春风）游了。"

"哈哈，很好，都串起来了！那试试背下整首诗吧。"警察说。

OO根据刚刚串起来那条线索，果然把王之涣的《凉州词》一字不漏地背了出来，感觉很爽。

警察帮助了OO，也很高兴，临走时还向OO支了个招："我这个'警察线索法'，不仅可以用在回忆一些丢失的信息，还可以用来记一些简短的并列信息！"说完警察就消失了。

OO不解地问飞天："师父，什么是简短的并列信息呀？"

飞天耐心地回答："哦，简短的并列信息啊，就像你们学校宣传栏上的社会主义核心价值观（富强、民主、文明、和谐、自由、平等、公正、法治、爱国、敬业、诚信、友善）。这种我们对里面的每一条信息都熟悉，但又记不全或者记不住顺序的内容，都可以用警察线索法。"

"这警察线索法真简单，照这么说，我可以把以前学过的诗词全找回来呀！"

"是吗？你试试这首吧。"飞天指着OO课本上的《清平乐·村居》说，"背会这首你就不用让小儿抽烟喝酒啦！"

"那好！"OO捋（luō）起袖子说干就干，结果却不如人意。OO嘟囔道："哎呀，行不通，这警察的方法不好使呀！"

"不是警察记忆法不好使，而是不同的情况要用不同的方法来记。很明显，你对这首词并不熟吧？"飞天问。

"是啊，我上课经常会肚子痛。当时老师讲这首诗的时候，不巧我上厕所去了……"OO不好意思地说。

飞天只是笑了笑，然后接话说："对于不熟悉的材料，我们还是要按步骤来记忆。还记得厨师教你的做菜四步法吗？"

"记得呀！可这是记古诗又不是记单词，能一样吗？"

"我们可以举一反三嘛！想菜式、准备食材、下锅和上菜，事实上这个厨师做菜四步法是个万能公式哦！这个公式不仅可以用来记单词、记古诗词，甚至任何信息都是可以的！"

"哦，是吗？这首诗也行？"

"可以的，咱们先看第一个步骤——想菜式。拿到要记的内容，我们首先要想的问题是用什么方法来记忆比较容易。这时候我们去读一下原文，理解它的意思，看看自己可以用什么花样（菜式）来记它。"飞天顺势把课本递过去，"来，我们现在研究一下这首《清平乐·村居》适合用什么方法吧！"

清平乐·村居

[宋]辛弃疾

茅檐低小，溪上青青草。醉里吴音相媚好，白发谁家翁媪（ǎo）？

大儿锄（chú）豆溪东，中儿正织鸡笼。最喜小儿亡赖，溪头卧剥（bō）

莲蓬。

　　OO平时最不爱读书，可听到飞天这么说，竟拿起书本一字一句地读了起来。读着读着他抬起头问飞天："我可以用画图的方法来记吗？"

　　"哦，这倒是不错！"飞天的语气里流露着欣赏，"要不给我给你命名一种方法叫'画家记忆法'，收录到记忆魔卡家族里吧！"

　　OO简直不敢相信自己的耳朵，想不到自己的方法也可以收录到魔卡家族里呢！

　　飞天于是鼓励OO一鼓作气继续往下走："那我们现在来走第二步——准备食材。这么长一首诗我们一口吞下去恐怕消化不了，还得把它切开来记。"

　　"是呀，可怎么切才对呢，一句一句地分开吗？"OO一时无从下手。

　　"没有规定怎么切呀！按标点符号一句一句地分开是一种比较简便的方法。不过高手会观察哪些语句放在一起更方便记忆，而不受标点符号的限制。"飞天知道OO学过这首《清平乐·村居》，对里面的诗句相对熟悉，就引导他大胆突破一下。

　　"哦，是吗？那我来当高手试试！"OO说完就根据自己的情况划分了诗句。

清平乐·村居

[宋]辛弃疾

茅檐低小，溪上青青草。/醉里吴音相媚好，/白发谁家翁媪（ǎo）？/

大儿锄（chú）豆溪东，中儿正织鸡笼。最喜小儿亡赖，溪头卧剥（bō）莲蓬。

划分完语句OO就开始画图了，从诗名、作者开始，画到"茅檐低小，溪上青青草"一句的时候，他停住了。他问飞天："是每个字都要画出来吗？这样挺费时间的。"

"很好！你发现问题了。"飞天回答，"一般是这样的，如果你在记忆过程中感觉整个语段放在一起比较容易记忆，那你就整块地记，就像你这里'茅檐低小，溪上青青草'，就是根据整句画出来的吧？"

"是的。"

"如果你觉得整块记忆有困难，那你也可以在每段信息里提取关键要素来记忆，类似警察线索法里找的线索。只是我们在找关键要素时，不仅限于句首，在语句的任意地方找都可以。"

飞天一大段理论讲下来，听得OO有点发懵。飞天想了想，补充说："你看，我们现在还在'准备食材'的阶段是不？"见OO点了点头，她继续说，"我们可以把找关键要素想象成找'关节'。"

"关节？"OO有回应了。

飞天说："关节就是食材里骨头互相连接的地方，'关节'可以理解为'关键点'，通过一个个关节点，我们就能把整句或整段文字串连起来啦！"

"嗯，这样找关节点简单很多！"OO点点头表示可以接受，接着又问飞天，"那您看我这句'醉里吴音相媚好'，我只找'醉'作为关节点行吗？"

"行不行不用问我，问你自己就可以了。只要你能通过找的关节点回忆出语句的内容，那么你就找对啦！"飞天顿了顿，补充说，"如果说找关节点有什么诀窍的话，一般是找那些比较容易形成图像的词组，而且在一个语段里找三个以内的词组效率比较高。"

OO说："我明白了，我来试试！"说着拿起了笔。

"等等，还有一点要提醒你。"

"什么？"

"你打算就这样从左到右一直画下去吗？"

"是啊，有什么问题吗？"

"这样长长一串信息记起来不容易哦，你可以画个坐标轴……"飞天见OO有点茫然，于是问，"坐标轴你知道吗？"

飞天在本子上画了个十字架，指给OO看："就像这样，四宫格，然后你把这四个语句的图按照顺时针，就是钟表走的方向按顺序摆放。你还可以在上面标一下'1234'的顺序。"

OO听了后有点迟疑，盯着画本在发愣。飞天于是问："你还有什么疑问吗？"

OO想了想，说："我不想每个字都画出来了，但我还是不确定我找的'关节'能不能帮我想起来全部。"

"那没事，哪怕我们上菜了，尝了发现味道不对也是可以回锅里翻炒的呀，也就是我们在尝试背诵的时候可以在漏了的地方再找关节点链接记忆！"

"哦。"OO应了一声。

"要不先试一试吧，我相信你可以的，画家同学！"

OO受到鼓舞后精神大振，又在本子上画了起来。很快他就画好了。

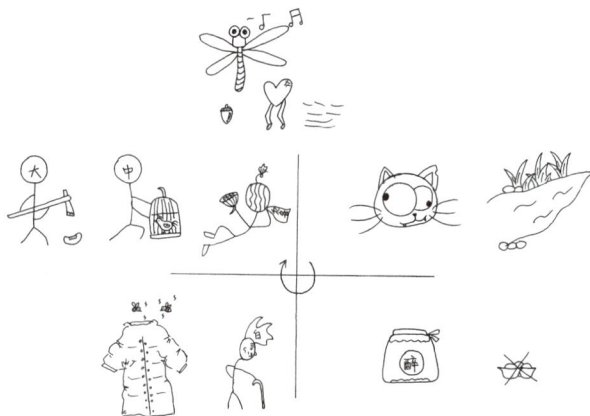

飞天凑过去看，不禁夸道："哇，画得挺好的！蜻蜓音乐——清平乐、松果——宋朝……这，这是作者辛弃疾吗？"飞天指着那颗疾走的心问。

OO回答说："对，心气急，就是辛弃疾！"说着在上面标注起文字来。

"这是溪上青青草，很直观！那猫眼就是茅檐吧？"

"嘿嘿，师父没看出这里的玄机吧？"OO的兴致上来了，笑着跟飞天解释道："看这猫眼，它右边这只眼睛比左边的低，也比左边的小，所以是'茅檐低小'呀。"

"真妙啊！"飞天赞叹。

OO听飞天这么说心里有点小得意，但又要保持谦虚："这下我真的'翻炒'了！前面那两句还算熟，但是到了'醉里吴音相媚好'这一句，我原来只画了一个酒瓶，发现没想起来，所以我这次在酒瓶上加了个'醉'字提醒自己。后面还补了这个'吴音'，我把它想成'无银'。"

"挺好啊！那这个宫格的又是什么，好像对不上号呀？"

"哦，这里是我临时加了图，顺序反了。"OO说着在图上标注文字，一边写一边说，"这里我原来只画了一个老头，回忆的时候只记得有个老头，就啥都想不起来了，哈哈！我呀，这下在他头上加了这坨超酷的白发！还有这'嗡嗡'叫的小蜜蜂，和棉袄，合起来就是'翁媪'啦！"

"哦，原来这样！我再看看哈，这个大儿锄豆、中儿织鸡笼都很好懂，可这个小儿为什么是个西瓜头啊？"

"这您就不懂了，师父！您看小儿是个亡赖，所以我给他画了个欠条，然后他在溪头卧剥莲蓬，所以我画了个西瓜头卧倒在地剥莲蓬。"

"哈哈，你这些想法都很不错呢！给他们涂上颜色吧，还可以顺便复习呢！"

"好咧！"OO涂完色，在飞天的鼓励下挑战脱稿背诵，这下把整首诗一字不漏都背了出来，还包括诗名和作者呢！

飞天也是趁热打铁，她希望OO再通过实践熟悉一下做菜四步法，于是指着他资料上的另外一首诗说："你这个画家记忆法这么好使，要不你再来记一下这首《舟过安仁》吧，你觉得要按步骤走吗？"

舟过安仁

[宋]杨万里

一叶渔船两小童，收篙停棹坐船中。

怪生无雨都张伞，不是遮头是使风。

OO没有学过这首诗，经过刚刚的教训，觉得还是按步骤走比较靠谱，于是先去理解诗的意思："嗯，让我先来读一下这首诗吧！"却没想到他读这首诗的时候，遇到了些小麻烦，他跟飞天说："这个篙和棹太拗口了，我被它们卡住了。"

飞天看了看然后说："哦，这些生字嘛，也是可以用记忆法记的。"

"是吗？不用抄？"OO对抄写有一种条件反射式的恐惧。

"抄也是一种方法，肌肉记忆嘛。不过也可以用你擅长的联想方法来记生字。"

"从小抄到大，天天都是抄抄抄，我不想再抄啦！我的好师父，等我记完这首诗，您能不能帮我变一变？"OO说着指了指自己的抄写本，意思是希望飞天用魔法帮他搞定这让人头疼的抄写作业。

飞天听到OO这样叫自己，觉得既甜腻又好笑，于是跟他说："行行行，掌握做菜四步法，记啥都不怕！不过你要答应我，以后记东西要自己去尝试用记忆法记忆哦！"飞天没有忘记，自己还有毕业任务要去完成，而且最近她连光圈的指引线索都没有了，追寻工作陷入了困境。她希望OO可以尽快独立，不用依赖她就可以自主记忆，那么自己就可以全身心投入毕业任务中去啦。

"可以，不过你现在也要先教我怎么记生字吧？"

"其实记生字跟记单词一样啊，也是按照'想菜式、准备食材、下锅、上菜'这四步去走。"说着飞天用魔法棒指着课本上的"篙"字："来，第一步，读一读，想一想，有时候想不到用什么方法也可以跳过往下走。"

"g-āo——gāo篙。"OO很听话地读完。

"好，第二步，准备食材：你观察一下这个字可以怎么切？"

"就是竹字头和一个高字，切成两部分。"

"很好，那第三步，下锅：你试着把这两部分跟它的拼音连起来。"

"那简单，我还可以把意思也连起来呢。"又是OO最擅长的联想环节，他显得十分自信。

"哦，是吗？'篙'是指撑船用的竹竿或木竿，这么长你能连起来吗？"

"可以啊，我把撑船用的竹竿插到蛋糕（篙gāo）上！蛋糕上有个猪头。"

"猪头？"

"就是很笨的人啊！我们英语老师经常这么骂的。我用'猪头'来记'篙'字上面那个竹字头呢！"

"哦。"飞天回应着，若有所思。

OO见飞天没有作声，以为她是让自己尝试记后面的生字，就继续看那个"棹"字，开始自言自语，又似乎在说给师父听："zhào、棹、船桨，切成'木'和少了两条腿的'桌'，嗯，然后下锅……哦，有了——我现在用木头和少了两条腿的桌子来做船桨，记得拿照（棹zhào）相机帮我拍个照呀！"

这时候飞天缓过神来，回应说："行！生字都记好了吗？"

"好了！我现在开始用我的'画家记忆法'记这首诗。"OO说完拿起笔开始画了起来……

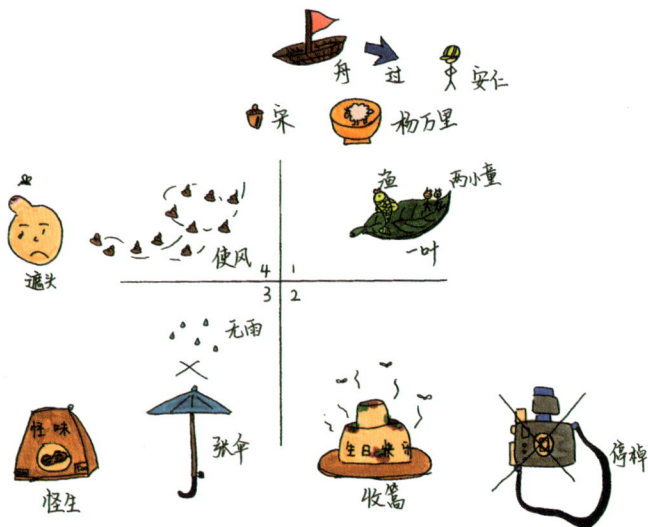

没过多久，〇〇就把《舟过安仁》这首诗背出来了。最后飞天也实现了她的诺言，魔法棒一点，〇〇的十遍抄写作业就完成了……

自从飞天给〇〇传授了记忆法，〇〇再也不害怕语文和英语这两个"背多分"的科目了。信心是成功的基石，这句话在〇〇身上得到了最好的验证——自从他觉得自己有能力对付这两门学科后，听课也认真了，做作业也积极了，期中考试居然一跃成为全班第二，简直是文曲星君附体！

成绩公布，班里可是炸开了锅，"差生"欧圆也能拿全班第二，他吃了什么神药啊？第一名的高冰冷不丁来一句："第二名又怎样，还不是我的手下败将！"然而面对各种或羡慕、或妒忌、或质疑、或不屑的目光，〇〇只是笑而不语，像大明星被狗仔队追问那样保持着矜持。这是师父教他的：做人要低调。

可〇〇的矜持却没能坚持到底。同桌洛克注意到〇〇的神迹——这家伙平时也没见他多努力，有时只是利用上课前几分钟就把单词背了出来，每次听写却都拿满分。洛克也是最怕背单词，他知道〇〇肯定是有一种大家都不知道的方法，所以整天缠着〇〇让他分享背单词的秘籍。洛克又是给〇〇送零食，又是帮他游戏充值，小小年纪的〇〇怎么抵挡得住这些诱惑？终于，〇〇耐不住洛克的软磨硬泡，把自己的记忆笔记本带来给了洛克，并叮嘱他："一定要保密！"

然而，世上没有不透风的墙，尽管〇〇一再交待洛克要做好保密工作，但秘密最终还是藏不住。

事情是这样的：自从洛克拿到〇〇的秘籍，也记住了不少单词，偶尔还能在听写中拿个高分。这已经引起了班长高冰的注意，再加上这两个坐在她后面的男生整天都像做贼一样秘密商讨，更让她断定两人定有些不可告人的小秘密，暗暗决心要查个水落石出。

　　一天午休时，OO和洛克又在交头接耳，指手画脚，还时不时发出一些古怪的笑声。这可惹毛了班长大人，却见她不动声色，装作到后面扔垃圾，然后慢慢走近两人，在后面突然袭击，一把揪出了那个笔记本！高冰拿起笔记本翻看了一下，就开始嚷起来："哟，谁把我们宝贵的知识财富这样践踏，我要告老师去！"

　　洛克站起来想抢回笔记本，高冰反应很快，迅速躲开。她跑到讲台旁边，还瞪着站了起来OO和洛克说："午休时间，请不要离开座位，否则记名扣小组分！"两人不敢贸然离座，其他同学则像长颈鹿一样伸长脖子，想一探究竟。高冰站在讲台上俨然像个老师一样高高在上，一边翻看着本子，一边开始念："大家听听，他们说九月是升天吧，十月是什么额头吧……这样靠译音学英语，英语老师早就说过是不允许的！"

　　台下开始有人笑了，坐在OO右手边（隔壁组）的王婷是个热心善良的女生，她小声提醒OO说："老师说这样学英语会学歪。"OO心里想：我并没有学歪啊，还是按照老师教的正确发音来读的。那些译音只是助记，他不会笨到直接读那些译音出来吧。但他知道王婷的提醒是善意的，因为也只有这个女生，会经常帮他捡起掉在地上的笔呀、本子呀，甚至是垃圾。不过这时候OO已经顾不得王婷说什么了，他瞪着高冰对着她大喊："我们偏要用这种方法，你妒忌我成绩好呀？"

　　高冰不甘示弱地回应："我嫉妒你？你还排在我后面呢！"

　　"啥，我记得有一次你还拿了最后一名呢，你作弊了！"OO一直记着高冰作弊的事情，忍不住又旧事重提。

　　高冰的脸一下子涨红了："你胡说，我没有！"

　　就在这时，班主任（也就是语文老师）闻声走进来，高冰忙走下讲台回到自己的位置。按规定，午休时间她也应该在座位上休息。

　　班主任厉声问："中午不午休，怎么吵吵闹闹的？"

这时高冰站起来说："张老师，是他们俩在交头接耳，证据在这里。"说着把本子双手递高，活像臣子向皇上递奏折一样。

张老师走到高冰面前，接过本子翻看了一下，似乎不是很明白。高冰就充当起解说员的角色："张老师，欧圆他们用一些歪门邪道来学英语。"

班主任有留意到欧圆的最近的成绩有大幅度的提升，特别是英语，她不解地问OO："是这样吗？"

OO回答说："不是的，张老师，这些都是些很好用的记忆方法，我用来学英语学得挺好的。"

高冰马上接话说："张老师，他们给英语单词注中文译音，这是英语老师严禁使用的。"

OO不服气了，想起张老师经常说的一句名言，于是反驳："张老师不是说过'不管黑猫白猫，抓到老鼠就是好猫'吗，你管我用什么方法！"

张老师嘴角微微往上扬了一下，她转身回到讲台，很快又恢复了严肃脸："好，安静下来吧！下个月17号的古诗文背诵大赛，学校十分重视。学校在下个月8号将举行一次初赛，选出全校第一名代表我们学校去参加比赛，你们都可以好好准备一下，争取为班争光，为校争光！"说完，班主任就离开教室了。

张老师走后，高冰还转过头来不服气地说了一句："歪门邪道！"

真是不依不饶！太过分了！OO于是一拍桌子说："什么歪门邪道，有种我们比一比！就老师刚说的古诗文背诵大赛，看看谁背得厉害！"

高冰只是冷眼盯着OO没有说话，这时洛克拉了拉OO，小声说："真的要比吗？高冰的诗词很厉害的。"

OO故意大声说："我不怕她，我看是她怕了我吧！"

高冰这可被激怒了："哼，比就比，我还会怕你吗！"

大家都挺想看这场决斗的，还有不少人支持OO呢。

不过当OO拿到比赛的背诵篇目后，就开始后悔了。原来并没有他想象中那么简单，要背的小学生诗词有75首，外加10篇古文，而且有几篇古文还是从中学课本里出的。

OO觉得当务之急是要学习记忆古文的方法。这天，他趁着午休，悄悄溜到学校后面的那块空地，念起通天码来召唤飞天。没想到飞天鹦鹉没召唤来，却召来了一只孔雀！正当OO疑惑的时候，孔雀说话了："又遇到麻烦啦？"OO一听声音，原来是飞天！鹦鹉怎么变孔雀啦？只听见飞天说："我这易容术用得怎么样？"

OO也没有一点奉承的意思："你一说话我就认出来啦。"

飞天倒不生气，转个身变回了鹦鹉，她也不打算泄露上次自己易容成老渔夫帮助OO过关的事，只是笑着说："我呀，今天到你书里转了一圈，发现有篇文章十分有趣，说古代梁国杨氏有个九岁的儿子，很聪明。有一天孔君平来拜访他的父亲，父亲不在，小杨就招呼客人吃水果。孔君平见水果里有杨梅，就笑说：'这是你家的水果。'小杨听了马上回答：'我可没有听说孔雀是先生您家的鸟'。"

"哈哈，所以师父就变成孔雀啦。"OO一听飞天讲的内容正是他语文课本上的古文《杨氏之子》，不禁佩服师父的神通广大，自己想干嘛她都知道了。

只听见飞天开始唱道："梁国杨氏子九岁，甚聪惠。孔君平诣[yì]其父，父不在，乃呼儿出。为设果，果有杨梅。孔指以示儿曰："此是君家果。"儿应声答曰："未闻孔雀是夫子家禽。"

OO问："这不是《杨氏之子》嘛！唱得好奇怪哦。"

"是吗？这是你们古人用来读书和创作的一种方法，称作吟诵，还挺方便记忆的呢。"飞天前段时间去找骇怪，有一天误打误撞进了一家国学堂，便在那里学起了吟诵，发现一些难懂的诗文她唱着唱着就记下来了。她欣喜地跟OO分享："这是我来地球以后学到的一种新的记忆方法，我蛮喜欢的，已经收录它进记忆魔卡家族了，把它命名为'音乐家记忆法'。"

"那师父是要教我这种方法吗？"其实OO有点怯场，因为他五音不全。

飞天沉思了一会，很坦诚地说："这种方法我也是刚学，还需要系统地学习，而且这么短的时间我怕我是教不好……"

还没等飞天说完，OO就说："那行啊，师父，我们就用画家记忆法吧，我觉得挺好的，这几天我用画图记了几首诗呢。"

飞天看了看天上的太阳，她知道时间很紧，决定简明扼要地提点OO："画家记忆法确实不错，不过你现在要记的诗文量很大，除了画图以外，最好借助导游记忆法，用大量定点把这些篇目分门别类地存放，这样你在比赛的时候，主持人一问你，就马上能找出来回答啦！"飞天之前在魔法学院有过多次魔法知识竞答比赛的经验，她非常清楚记大量信息的关键是要有回忆的线索，而导游记忆法是个超级好的解决办法，她每次都用得得心应手。

"可我觉得画图也挺好的，有时候靠书上的图就记住了，导游记忆法太麻烦了，我都不知道去哪里找那么多定点。"OO似乎不懂得"不听老人言，吃亏在眼前"这句俗语，只管一个劲儿发表自己的见解。

飞天非常耐心地说："确实有点麻烦，我刚开始学记忆法的时候也是这么想的，而且我的想象力还没你这么好，联想起来也很费劲，我想还不如死记硬背呢！不过我的记忆术教授教导我做什么事都要有耐心，他还跟我打过一个比喻，说学记忆术就像刚学会走路的小孩子玩滑滑梯：小朋友一步一步走上去确实很费劲啊，但当你不怕困难，爬也要爬上去的时候，你最后就能享受到滑滑梯的那种快意了！"

　　OO当然知道死记硬背很难，其实他也试过用书本的图来记那篇《杨氏之子》，结合图来看文章的意思不难理解，可是就是记不住，他也不知道怎么办好，故此没有作声。

　　飞天十分理解OO的忧愁，她变出一沓记忆魔卡说："我们是不是很久没玩记忆魔卡游戏啦？今天我们来玩一玩吧，你来念魔法密咒怎么样？"

　　"好呀！"OO顿时来了精神，然后就一脸认真地开始念起来，"上有天，下有海，神灵通三代，记忆有魔卡，谁来翻一翻？"念完便看着飞天。

　　飞天很配合地翻了一张魔卡，一个扎着小辫子、艺术家模样的男人冒出来："我是一名设计师，你不需要到处找定点啦，只要在你要记的材料里面找一些相关元素构建一个场景，在场景里面找定点就可以了。拿这篇《杨氏之子》举个例子，这里面有杨梅，有孔雀，我们就拿它们来设计场景吧。瞧，我这正好有一棵杨梅树。"

　　设计师话音刚落，天上的太阳发出万丈光芒，一棵杨梅树从天而降，绿叶间点缀着红亮的果子，还有小鸟在树上唱歌呢。而飞天呢，这时候又变回一只孔雀站到了杨梅树旁边，嘿嘿，真是惟妙惟肖啊。

设计师提示OO说："场景设置好啦，这是根据标题《杨氏之子》设计的。这篇古文一共有11个小分句，我们就在这场景里找11个定点吧，注意按照从上到下的顺序哦。"

"嗯，我会找：1太阳、2云朵、3山、4杨梅、5小鸟、6树干、7果篮、8木头……呃，这'孔雀'怎么办？"OO找了一大半，指了指变成了孔雀的飞天。

"啥呀，也是可以从上到下继续找定点啊。"飞天忍不住出声了。

OO对飞天调皮地眨了眨眼，于是接着找下去："9师父的孔雀屏、10孔雀肚子、11孔雀脚。11个定点找好了！"

设计师赞许地点了点头："嗯，很好。下面试试把这些小分句跟每个定点联系起来吧。比如第一个定点太阳跟'梁国杨氏子九岁'联系起来，整句记忆有困难的可以找关节点来记哦……"

"嗯，我会的，给我十分钟。"OO自信地说。

十分钟不到，OO就说他已经记好了。

"这么快？你是怎么记的？"设计师表示很惊讶。

"我就是用您的设计师记忆法呀！"OO有点小得意，开始滔滔不绝地分享起来，"首先这个'太阳'跟'梁国杨氏子九岁'，我把自己当成是后羿，用凉果（梁国）射向太阳，正好'阳'和'杨'同音，射下了九个太阳（九岁）；第2个'云朵'跟'甚聪惠'，很简单，想象云朵在吃聪明豆就记会了；第3个'山'跟'孔君平诣其父'，就想象山上有个开孔的益（诣）生菌（君）瓶（平），所以山变得有起伏（其父）；第4个'杨梅'跟'父不在'联系，我觉得听起来像在瀑布（父不）前摘（在）杨梅；第5个'小鸟'关联'乃呼儿出'，想象小鸟衔着牛奶（乃）叫儿子出来；第6个'树干'跟'为设果'就是说树干周围围（为）着一圈蛇（设）果；第7个'果篮'跟'果有杨梅'就更简单了，就是果篮里有杨梅；第8个'木头'跟'孔指以示儿曰'，这里有个'示儿'，我昨天刚背了这首诗，我就想孔子（孔指）坐木头上读《示儿》；第9个嘛，'孔雀屏'跟'此是君家果'就说孔雀屏里全是均价果（君家果），因为师父改行卖水果了……"

1

2

3

4

5

6

7　　　　　　　　8　　　　　　　　9

这时候飞天干咳了两声提醒他："话可要好好说哦！"

设计师笑了起来："哈哈哈，那还有最后两句呢？"

OO偷偷瞄了一眼飞天，说话的语速开始加快，"第10个'孔雀肚子'跟'儿应声答曰'，我想的是孩儿抱住孔雀的肚子应声回答；最后一句'未闻孔雀是夫子家禽。'对应的是'孔雀脚'，孔雀脚有味（未）道，引来蚊（闻）子，蚊子引来家禽。"

10　　　　　　　　　　11

设计师咧嘴笑着说："好小子，想象力不错呀！看来也没我什么事了，祝你好运啦！"说完就消失了。

OO看着设计师带走的最后一缕烟，像是自言自语地说："嗯，谢谢，这种设计师记忆法不错，不用愁到处找定点！"

这时候学校铃响了，OO来不及跟飞天告别，就匆匆跑回教室了……

第六章

陷入困境

——专注力提升和记大量信息的方法

CHAPTER 6

时光飞逝，一转眼飞天来到地球快有三个月了，离毕业题最后期限只剩下不到十天啦，而她连"符旦"骇怪的影子都没见着！

飞天开始紧张起来，尽管这边OO运用方法才初见成效，但她顾不上那么多了，眼下毕业题最紧急，于是决定把OO这边的事儿先放一放，全力去追查那只"符旦"骇怪。

可让她感到奇怪的是，刚开始在雅历小学附近，银环的信号还算强烈，可离开那个区域越远，信号越弱。当她尝试靠近OO所在的区域的时候，信号愈发强烈。她心里不禁一惊：这骇怪不会是跑到OO家了吧？

想到这里，她忙折返到OO家中，远远听到了一声惨叫！

当飞天忐忑地赶到OO房间的时候，却发现什么事都没有，OO只是跟洛克在打游戏，那声惨叫，是因为洛克不幸挂掉了。这时洛克说要回家做作业，便留下OO一个人。

飞天不由得升起一阵无名怒火，她努力压制住不让自己发泄出来。这是恨铁不成钢吗？

飞天克制住怒气，深深吸了一口气，然后现身，她问OO："你不是说还有个古诗文比赛的吗？"

"是啊，就是这些难啃的古诗文！"OO指着那沓古诗文资料说，"这里面原来有一些诗我是能背的，然后我这几天背了23首，古文只记了那篇《杨氏之子》，感觉太难了。"

"那你还有时间打游戏？离初赛不到两个星期了喔！"飞天终于忍不住发问了。

OO一脸委屈地答道："哎，我这些天已经天天在背诗了，下课背，放学背，连上厕所都在背呢。可要背的篇目实在太多啦，作业练习也一大堆，压力山大啊，再不放松一下我都要疯了。"

飞天看着OO那副无奈的样子，都不忍心骂他了，只好问："那你打算怎么办？"

OO低头算了算，确实不到两个星期了，自己还有40首诗词和9篇古文没背呢，而高冰是早就记得很多了，自己怎么能赢她？他于是向飞天诉说自己的苦恼："我觉得用了记忆法后背诗确实很快，几分钟就能背一首了，可不知道为什么，我半天下来才背了六七首诗……"

飞天笑了笑，她当然晓得为什么OO半天下来背不了几首诗。她暗中观察过OO做作业，他的效率太低啦，往往做一下作业发一下呆，要不就是去喝水、上厕所、瞄一下客厅的动静，等坐下来静下心又要一段时间。飞天觉得真的要想办法治治OO的"小儿多动症"啦。她想了想，然后跟OO说："我有个青蛙呼吸法，可以提高你的学习效率，你要不要学？"

"哦？什么是青蛙呼吸法？"OO的好奇心又被激发了。

飞天说："很简单，你按照我说的来做：现在想象自己是一只青蛙，然后开始吸气，一、二、三，吸气吸得肚子鼓鼓的……"

"扑哧！"OO想按照飞天说的来做，却忍不住笑了出来。

"嘿，认真点！"飞天及时阻止了笑场的OO，又不知道从哪里变出一个金字塔状的播放机。飞天轻轻一点，金字塔里就传出了悠悠的乐曲声。这乐曲像是有某种神秘的力量，OO听了以后停止了躁动，呼吸也开始变得均匀了。

飞天满意地解释道："这是α波音乐，可以使你的注意力集中，记忆力提升，配合这个青蛙呼吸法就更绝妙啦。"说着，飞天让OO跟着一起做："来，青蛙王子，开始吸气，一、二、三，吸收周围的正能量，吸得肚子鼓鼓的；然后开始吐气，一、二、三，肚子凹下去，把体内所有负能量都呼出来……"

○○听着舒柔的乐曲，照着飞天的方法吸气、吐气，心开始平静下来，呼吸也越来越顺畅，感觉体内能量越来越多。

"好，当你的心能静下来，大脑是很容易出图像的，这样很有利于记忆。我这里还有另一面魔镜，它能照出你心里想的图像，你要不要试试？"

"哦，是吗？那我试试！"

飞天补充道："只有在你心里持续地想到那个画面10秒以上，魔镜才会显像喔。下面我要召唤魔镜出来啦！"

说话间，一块"不明飞行物"飞进房间。○○定睛一看，是块方头方脑的魔镜，忍不住笑了："这魔镜怎么长得像一台电视机呀！"

○○正想伸手去摸一下，飞天说："别乱碰，你现在跟它还不熟，别惹怒它！你要成功想出一个画面，先跟它建立起脑波链接。"

"那想什么好呢？"

飞天想了想说："你不是很喜欢打游戏嘛，那你就想象一个游戏的场景吧！"

"嘿嘿，这个好办！"○○最近玩的一款游戏叫奇异庄园，他可以在里面自由地创建属于自己的王国。

没多久，魔镜里就呈现出○○脑海中的庄园。

画面很清晰，飞天满意地点了点头，说："那我们打铁趁热吧，你不是还有很多古文没背吗，这个庄园正好可以用得上！"她随即翻开○○古诗文大赛的背诵资料，在里面找了一篇古文——《生于忧患，死于安乐》，笑着说："这篇古文最适合住在你的庄园里了。"

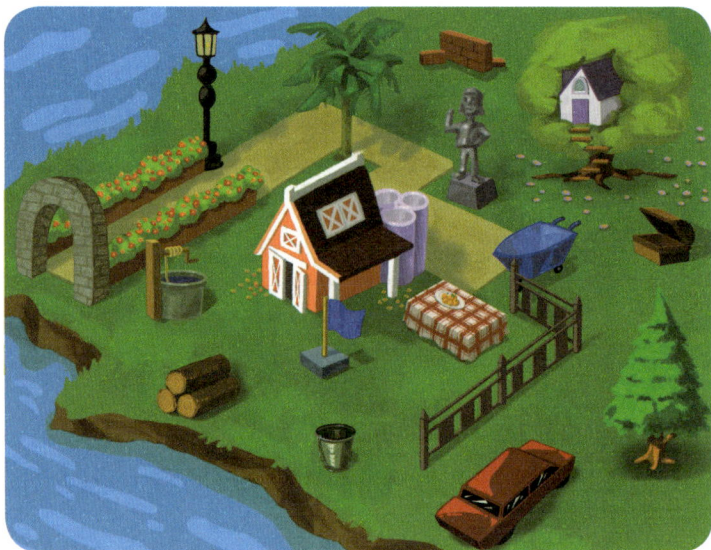

"啊？为什么适合住我这里面啊？"OO不解。

"你先来看看这篇古文的意思吧！"飞天指了指译文示意OO去看。

《生于忧患，死于安乐》译文

舜从田野耕作之中被起用，傅说从筑墙的劳作之中被起用，胶鬲从贩鱼卖盐中被起用，管夷吾被（鲍叔牙）从狱官手里救出来并受到任用，孙叔敖从海滨隐居的地方被起用，百里奚被（秦穆公）从奴隶市场里赎买回来并被起用。

所以上天要把重任降临在某人的身上，一定要先使他的内心痛苦，使他的筋骨劳累，使他经受饥饿之苦，使他受贫困之苦，使他的每一行动都不如意，目的就是要用上述这些艰难困苦来激励他的心志，使他性情坚忍，增加他所不具备的能力。

人常常犯错，然后才能改正；内心忧困，思想阻塞，然后才能奋起；心绪显露在脸色上，表达在声音中，然后才能被人了解。一个国家，在内如果没有坚守法度的大臣和足以辅佐君王的贤士，在外没有与之匹敌的国家和来自外国的祸患，就常常会有覆灭的危险。

这样，就知道忧虑患害能使人（或国家）生存，安逸享乐会使人（或国家）灭亡的道理了。

读到最后那句"忧虑祸患能使人生存发展，而安逸享乐会使人灭亡"时，OO明白了飞天的意思，他不禁为自己刚才的放纵感到羞愧。

飞天也没有多说，直接切入正题："你记这篇古文需要多少个定点呢？"

OO拿起笔重新浏览了一下文章，一边看一边用序号做分隔标志，把自己认为放在一起记的句子作为一个分隔标注出来，统计完后说："一共有20个。"

生于忧患，死于安乐
[先秦] 孟子及其弟子

①舜（shùn）发于畎（quǎn）亩之中，②傅说（fù yuè）举于版筑之间，③胶鬲（gé）举于鱼盐之中，④管夷吾举于士，⑤孙叔敖（áo）举于海，⑥百里奚（xī）举于市。⑦故天将降大任于是人也，（是人 一作：斯人）⑧必先苦其心志，⑨劳其筋骨，⑩饿其体肤，⑪空乏其身，⑫行拂乱其所为，⑬所以动心忍性，⑭曾益其所不能。⑮人恒过，然后能改；⑯困于心，衡于虑，而后作；⑰征于色，发于声，而后喻。⑱入则无法家拂（bì）士，⑲出则无敌国外患者，国恒亡。⑳然后知生于忧患而死于安乐也。

然后飞天指引OO在庄园里找了20个定点，跟导游找定点的方法差不多，只是在室外的每个定点的间距要大一些，分别是：1拱门、2花坛、3路灯、4椰树、5砖墙、6雕像、7树屋、8宝箱、9铲车、10管桩、11餐桌、12旗子、13房门、14水井、15木材、16海水、17水桶、18栏栅、

19车、20圣诞树。

找完定点后OO就迫不及待要去记了，飞天提醒他："还有题目和作

者呢，你可以把它们跟整个场景联系起来。"

"呃，这还不简单吗，就是先秦的孟子和他的弟子们不懂'生于忧患，死于安乐'，在这庄园里玩游戏！"

飞天笑了笑没说什么，让OO先把文章一些难读难认的字词都记住了，顺便给OO复习了记忆信息（做菜）的四个步骤：

第一步、想菜式——通读理解，找方法；

第二步、准备食材——分块联想；

第三步、下锅——组合／做关联；

第四步、上菜——验证，查漏补缺。

第一步已经在前面完成了，接下来就是第二、第三步了。这可是OO最擅长的，切菜炒菜也最好玩了！OO开始记了，不一会儿，魔镜就链

接到了他的脑波信号。飞天一边看魔镜里呈现的图像，一边飞快地做了记录：

1.拱门——舜（shùn）发于畎（quǎn）亩之中（舜从田野耕作之中被起用）

【准备食材】舜（顺）；发（把 fā 暂且读成 fà）；畎亩（倒过来：母犬）

【下锅】拱门闯进一条披着柔顺秀发的母犬。

2.花坛——傅说（fù yuè）举于版筑之间（傅说从筑墙的劳作之中被

起用）

【准备食材】傅说（附院）；版筑（搬砖）

【下锅】我在花坛这边建个附院，天天要去搬砖。

3.路灯——胶鬲（gé）举于鱼盐之中（胶鬲从贩鱼卖盐中被起用）

【准备食材】胶鬲（胶水，隔开）；鱼盐（鱼和盐）

【下锅】用胶水隔开路灯下的鱼和盐。

4.椰树——管夷吾举于士（管夷吾被从狱官手里救出来并受到任用）

【准备食材】管夷吾（管衣物）；士（士兵）

【下锅】管衣物的士兵把衣服抛到椰树上。

5.砖墙——孙叔敖（áo）举于海（孙叔敖从海滨隐居的地方被起用）

【准备食材】孙叔敖（孙悟空叔叔熬东西）；海（海鲜）

【下锅】孙悟空叔叔躲在砖墙那里熬海鲜。

6.雕像——百里奚（xī）举于市。（百里奚被从奴隶市场里赎买回来并被起用。）

【准备食材】百里奚（百里长的溪水）；市（市场）

【下锅】百里长的溪水冲到雕像市场来。

7.树屋——故天将降大任于是人也（所以上天要把重任降临在某人的身上）

【准备食材】故（故宫）；天（天空）； 降大任（降大人）

【下锅】想象树屋是故宫，故宫上方的天空降落很多大人。

8.宝箱——必先苦其心志（一定要先使他的内心痛苦）

【准备食材】必（闭）；苦；心

【下锅】快关闭宝箱，里面有颗很苦的心！

9.铲车——劳其筋骨（使他的筋骨劳累）

【准备食材】劳（劳动）；筋骨

【下锅】我用铲车劳动后筋骨疼痛。

10.管桩——饿其体肤（使他经受饥饿之苦）

【准备食材】饿；体肤（皮肤）

【下锅】管桩饿得皮肤掉落。

OO完成十个关联后，飞天提醒他及时复习一下前面记的内容，有助提升记忆的效果："锅里都放了10样菜了，要不这些先上菜尝尝吧！"

OO对原文进行了还原，基本上都能记住。就是第一段前面几个分句里的是'之中'还是'之间'记不清，于是飞天提示他可以把"中"想象成"钟"，分别挂到拱门和路灯上。

OO觉得这样再次挑关节点进行补充记忆很管用，漏了的点印象更深刻了。

飞天倒是挺佩服OO的，她赞叹道："你学东西很快呀，反应这么快，很适合参加比赛呢！"

OO听了心里美滋滋的，吹了声口哨，拿起资料继续往下记。

11.餐桌——空乏其身（使他受贫困之苦）

【准备食材】空乏（空翻）

【下锅】在餐桌上打个空翻吧！

12.旗子——行拂乱其所为（使他的每一行动都不如意）

【准备食材】拂乱

【下锅】旗子被风拂乱了。

13.房门——所以动心忍性（目的就是要用上述这些艰难困苦来激励他的心志，使他性情坚忍）

【准备食材】所（锁）；动心（洞心）；忍性（任性）

【下锅】房门上有一把锁，洞心很大，任性拔掉。

14.水井——曾益其所不能（增加他所不具备的能力）

【准备食材】曾（增加）；　益（益力多）；　不能

【下锅】在水井里增加一些益力多应该是不能的。

15.木材——人恒过，然后能改（人常常犯错，然后才能改正）

【准备食材】恒（横着）；过（跨过）；改

【下锅】那个人要横着跨过木材，能改吗？

16.海水——困于心，衡于虑，而后作（内心忧困，思想阻塞，然后才能奋起）

【准备食材】困（捆）；于（鱼）；衡于虑（'于'和'衡'倒过来：鱼很绿）

【下锅】在海水里捆住一条鱼的心，鱼变得很绿，而后就发作了。

17.水桶——征于色，发于声，而后喻（心绪显露在脸色上，表达在声音中，然后才能被人了解）

【准备食材】征于（蒸鱼）；声（生）；后喻（喉炎）

【下锅】在水桶里蒸鱼没有一点颜色，发现鱼是生的，吃了得喉炎。

18.栏栅——入则无法家拂（bì）士（在内如果没有坚守法度的大臣和足以辅佐君王的贤士）

【准备食材】无法家（书法家）；拂士（鼻屎）

【下锅】书法家靠着栏栅上挖鼻屎。

OO记到这里，觉得自己想象的画面有点不雅，于是指着方头魔镜对飞天说："关了它可以吗？"

"可以。"飞天能理解这种大脑被入侵的感觉，就关了魔镜，对OO说，"那接下来你自己做笔记？"

"行啊！"OO愉快地答应了。

19.车——出则无敌国外患者，国恒亡（在外没有与之匹敌的国家和来自外国的祸患，一个国家就常常会有覆灭的危险）

【准备食材】出；国外患者；亡

【下锅】一出车门，国外的患者就死亡了。

20.圣诞树——然后知生于忧患而死于安乐也（这样，就知道忧虑患害能使人生存，安逸享乐会使人灭亡的道理了）

【准备食材】知（知了）；生于忧患死于安乐

【下锅】知了在圣诞树上唱：生于忧患死于安乐。

最后两句也很顺利，这10句上菜的时候吃得很爽！

没想到用游戏里的东西也能够记古文，OO已经感受到这种学习方法的乐趣了，但他还是调皮地说："看来我以后要多打游戏才行啦！"

"呃，游戏虽然好玩，但太浪费时间了。我就不打游戏，我觉得每天修炼魔法的时间都不够用。"飞天回想起自己在魔法学院学习的时光真的很充实、很快乐。

"哦，魔法怎么修炼的？我也想学。"OO很感兴趣的样子。

"我们那里的魔法学院几乎人人都想考进去，可每年能毕业的只有一两个。我们有太多东西要背了，术语、密咒种类繁多，每条密咒都很长，最长的那条'阿拉姆达易容术灵魂咒'足足有十页纸呢！"

"哇，要背那么多东西，那我还是算了。"OO一听有那么多东西要背，吐了吐舌头，心想还是做个普通人好了。

飞天耐心地引导说："我以前也很怕那些又长又臭的密咒，可自从我修了'记忆术'这门功课以后，我觉得记什么都简单，而且是越记越轻松！你呀，就是学了方法之后缺少大量练习，我觉得你正好可以趁这次古诗文比赛好好实践一下，经过这样的大量训练，以后运用记忆法就能得心应手啦！"

其实这个道理也是飞天的记忆术教授告诉她的，她刚开始学记忆法的时候也遇到很多问题，觉得步骤太多太麻烦，还不如死记硬背方便。伍达教授没有放弃教导她，让她做了大量练习。一段时间后，飞天发现自己的记忆术功力突飞猛进，魔镜里呈现的画面也越来越清晰，最后在记忆的时候步骤都不用想了，真是无招胜有招呀！

飞天打心底感激这位主教，虽然他有时候比较严格，会让自己做很多练习，但是回想起来真的很有帮助。现在看来，当时受的那些苦也不算什么！可她来地球前就听说伍达教授生病了，也不知道现在好了没有。

这时候OO说："我也有做练习啊，可是没有我想象中那么简单。你看我要背的这些古文，真是又长又臭，还不知道它在讲什么，我试过背了，背不下来。"

"像这种难理解的古文最好用导游的定点法，一句放一个定点，可以先背下来再慢慢理解。"飞天也背过那些像古文一样晦涩难懂的魔法密咒，她非常有经验，也很乐意教OO怎么记。"导游定点法是我觉得最好用的一种方法，导游游历四方，可以找很多定点。医生等魔卡成员的方法虽然便捷好用，但定点的数量毕竟有限。我的教授说，找到的定点越多，就越富有。我当时在魔法学院找了5000个定点，真是感觉超级富有！"

"5000个定点！"OO瞪大了眼睛。

飞天趁热打铁："是啊，这5000个定点后来帮助我记了很多东西，还赢了很多比赛呢！你也可以在你的学校找找啊，找到就用来记剩下的古文。你现在初学记忆术，简单点不按理解来分的话，一句放一个定点就行。"

"我们学校也挺大的，怎么找呢？"

"找定点时可以想象自己就是一个导游，一般导游在带队的时候都会先规划一条路线，再到路线里的每一个景点游玩。经过每一个景点的时候也是按顺序走，一边走一边可以留心观察那些有特征的物品，最好用照相机记录下来，整个场景拍一圈后再给每个定点拍一张。"

"呀，我最喜欢拍照啦！"OO关注的焦点似乎总不在关键点上。

"嗯，拍下来是方便我们后面复习，特别是我们不熟悉的地方。但是像你学校那样就不用啦，你几乎天天都可以见到那些定点。你还记得之前魔卡导游带你在教室找的10个定点吗？"

"记得啊，门到饮水机到讲台……"OO对教室的10个定点如数家珍。

"很好，那就顺着你教室往外走，我带你回学校里里外外游览一遍吧！"

"可跑到教室外面会被保安发现的呀！"

"没问题，我有消形术，跟我来！"飞天念了一段密咒，又用魔法棒在OO身上点了点。OO走到屋外，向邻居家的大黄狗做了个鬼脸，确认黄狗真的看不到他以后，就跟着飞天大摇大摆地走进雅历小学的校门啦。

他们先是回到五（1）班的教室，复习了之前的定点后，又沿着教室往外走，在教学楼、艺术楼、饭堂、植物园、操场等地方都按顺序走了一遍，一共找了171个定点，足够记剩下的8篇古文了呢！

回到家里，OO把找的定点都复习了一遍。一下子找了那么多定点，他瞬间觉得自己好富有："有了这些定点，我估计很快就能把这些古文记完啦！"

不料飞天却摇摇头说："我看时机还没到。"她现在明白OO最大的问题不是想象力不够，而是专注度不高。回想自己当时是通过注意力测试才去修炼记忆术的，所以后面学得还算不错，所以不得不佩服伍达教授的先见之明，怪不得他挑选学生那么严苛呢。

"啊，为什么？难道是师父到时候帮我变一下就行了？"OO还是挺羡慕飞天懂魔法的，之前也是帮他点一点就把抄写搞定啦。

"那怎么行！这个我可不能帮你，要学好记忆法还是要靠你自己的。"飞天才不会上他的当呢，她说，"我不仅不会帮你变，你还要过我的一关。"

"啊？"

"来来来，你先来练练这个专注力。很简单，从1开始写，写到200，算你过关！"飞天考虑到○○还是个小学生，就没有让他从1写到500为难他了，降到了200的难度。

"呃，行吧，我不信我就做不到了！"○○吐了吐舌头，内心的那股冲劲又被激发了。

○○拿起笔试了试，只写到了27就错了。又连续试了多次，都没有写超过50的，不禁烦躁起来。飞天倒是很平静，递给○○一杯热水，调播出α波音乐。等○○喝过水后，飞天笑着说："不要忘了你还有'青蛙'呢！"

"哦，对喔，我还有青蛙呼吸法呢。"○○说完就开始深呼吸，运气调息，俨然一副武林高手的样子。还真别说，这方法的确好使，○○没一会就静下心来。这下他再拿起笔，一口气写到了171个，第一次突破了100大关！没多久，他就能一口气写超过200个啦！

飞天能感受到○○专注时散发出来的强大能量场，她真为○○的突破感到高兴。她送给○○一个计时器，告诉○○每次记东西都可以给自己计时，让自己的效率更高。

○○也是一鼓作气，当天就把剩下的古文都记完了。不过○○还有一个难题：就是他用画家记忆法记古诗记多了会乱，而且有些诗比较长，也很难记下来。现在他还有40首比较难的古诗没背，而飞天带他在学校找的定点在记完8篇古文后已经所剩无几，再去其他地方找的话恐怕也要花一些时间。而时间紧迫，怎么办呢？

飞天就像一个天使一样，总能救○○于危难之中，她告诉○○在睡觉前把记过的古诗文都复习一遍，第二天她会带记忆魔卡来传授他新的方法。

第七章

水落石出

——实践的力量

CHAPTER 7

第二天，飞天果然如约而至。

此时的○○刚复习完前面记过的内容，就剩下那些长诗了。见飞天来了，跟她诉起苦来："像这样的诗好长啊！我画了图也很难记住。"他眉心紧蹙了一下，语气中带点沮丧，眼前的是一首杜甫的《闻官军收河南河北》。

闻官军收河南河北

[唐] 杜甫

剑外忽传收蓟北，初闻涕泪满衣裳。

却看妻子愁何在，漫卷诗书喜欲狂。

白日放歌须纵酒，青春作伴好还乡。

即从巴峡穿巫峡，便下襄阳向洛阳。

译文：

剑门关外，喜讯忽传，官军收复冀北一带。高兴之余，泪满衣裳。

回望妻子儿女，也已一扫愁云，随手卷起书，全家欣喜若狂。

老夫想要纵酒高歌，结伴春光同回故乡。

我的心魂早已高飞，就从巴峡穿过巫峡，再到襄阳直奔洛阳。

不料飞天却笑着跟他说："那我得恭喜你，捡到宝了！"

"啊？"

"俗话说：'实践出真知'。你通过实践，知道了不是所有内容都适合用画家记忆法来记忆的，这不是捡到宝了吗？"

"说的也是哦！可能是我太自恋了，老想着用我的画家记忆法，呵呵。"OO一听心情顿时好了起来，摸着头不好意思地笑了。

"像一些比较长的信息，通常找医生、导游、还有设计师等魔卡成员解决都是不错的。除此以外，记忆魔卡家族里面还有很多神人呢！"

"还有吗？"

飞天笑了笑说："我今天就带来了两位大神！"说完递给OO两张魔卡，一边念密咒，一边示意OO抽一张。

"嗨，我抽到了一位将军！"OO的兴奋劲来了。

那位将军发话了："兵来将挡，水来土掩！如何调兵遣将，我来教你！"他说话掷地有声。

"将军大人，教教我这首诗怎么背吧！"OO指着那首《闻官军收河南河北》对将军说。

"这好对付，派你们家族的人上场就可以了……"原来将军说的"调兵遣将"，意思是召集一群人列好队（排列好顺序），然后把每句诗对应一个人物按顺序进行关联记忆。

将军让OO在家族里找出8个人物，并按照长幼顺序给他们排好队，分别是：1爷爷、2奶奶、3爸爸、4妈妈、5哥哥、6姐姐、7弟弟、8妹妹。

由于有医生、导游等记忆法的基础，OO很快就明白怎么记了，不一会就交出了一份令人满意的答卷，看起来像是一幅充满生活气息的画卷：

1.爷爷——剑外忽传收蓟（jì）北

【准备食材】剑；蓟北（鲫鱼背）

【下锅】爷爷下厨，把剑当菜刀，对着鲫鱼背就是一劈！

2.奶奶——初闻涕（tì）泪满衣裳

【准备食材】初（厨房）；闻；涕泪；衣裳

【下锅】奶奶在厨房闻到很香，香到涕泪都流出来了，弄湿了衣裳。

3.爸爸——却看妻子愁何在

【准备食材】却（麻雀）；妻子；愁（报酬）

【下锅】爸爸打猎回来，提着麻雀拿给妻子，问报酬在哪。

4.妈妈——漫卷（juǎn）诗书喜欲狂

【准备食材】漫（馒头）；卷（花卷）；诗书

【下锅】妈妈做好馒头、花卷就去读诗书了。

5.哥哥——白日放歌须纵酒

【准备食材】白日（白天）；放歌（放鸽子）；纵酒

【下锅】哥哥白天放了我鸽子，原来是去了纵酒。

6.姐姐——青春作伴好还乡

【准备食材】青春（青葱）；作伴（做凉拌）；好还乡（好香）

【下锅】姐姐用青葱做凉拌，好香。

7.弟弟——即从巴峡穿巫峡

【准备食材】即从（寄生虫）；巴（泥巴）；巫峡（武侠）

【下锅】弟弟像寄生虫一样，天天只会玩泥巴，看武侠片。

8.妹妹——便下襄（xiāng）阳向洛阳

【准备食材】便（辫子）；襄阳（镶牙）；洛阳（落牙）

【下锅】妹妹扎起辫子要去镶牙，原来是她落牙了。

OO这菜做得真香！他尝了一下，八小句诗都轻松记住了！

这时将军提醒他："别忘了作品名和作者！"

OO看了一眼将军，马上有了灵感："官军、官军，我就把他当作成将军您吧；[唐] 杜甫可以想成'糖豆腐'……我这样记：听闻将军去河南河北收菜，回来以后吃了一碗糖豆腐。"

将军面不改色，说："那你都记住了吗？"

"记住了！谢谢您的指教！"OO恭敬地说。

将军无不自豪地说："我这个将军记忆法威力大着呢！以后遇到此类比较长的信息，你都可以像刚刚那样调兵遣将帮助记忆……"话没说完，刮起一阵疾风，将军在一片尘土中消失了。

OO看着将军消失的身影，对飞天说："这个将军记忆法是个好方法，可我没有多少士兵啊！"

飞天说："我们可以从各个地方找到对应的人物系统呀，不仅可以全家总动员，你学校的老师、同学，你看过的电影、电视剧里面的人物，都可以为你所用！像学校，从上自下，校长、主任、老师们，还有你的同学……你只要按一定的顺序把他们排列好就行。"

"嗯嗯，我明白了。"OO嘴巴上应和着，眼睛早已盯住飞天带来的另外一张魔卡了。

飞天知道OO的心思已经转移到魔卡上了，也明白他还要经过实践才能体会她说的话，于是笑了笑说："这次由你来念密咒吧！"

"上有天，下有海，神灵通三代，记忆有魔卡，谁来翻一翻？"OO

对这段魔卡密咒已经非常熟悉啦！随着卡片翻转，从里面跳出了一位数学家！OO很纳闷：我不是要背古诗吗？数学家能帮什么忙呢？

数学家笑着说："小朋友，我可是个超能数学家，左右脑都很发达哦！记东西也难不倒我的！"接着他像打太极一样把一组组熠熠生辉的两位数字送到OO面前，然后示意OO去点一下。OO随便点了个"37"，立即有一只山鸡跃于眼前；点了点"00"，弹出一副望远镜；点"51"，是个拿扫把的工人……

OO玩得挺带劲的，可当他点到"02"，出现铃儿的时候，猛地想起自己是要解决背大量诗句的问题的，于是停下来问："这些都是什么呢？"

"这些是数字密码呀，我给每个两位数字组合都设了一个具体的形象，把看不见的抽象信息转化为看得见的图像。"

"哦，我知道，这些图我在记通天码的时候接触过。"

"是的，当数字变成图像就很容易记忆啦！而且你不要小看这些图像，接下来你要背的诗都可以借助它们来记忆哦。"

"哦？怎么记呢？"

"其实你现在的问题是要记的信息很多，单靠画图和联想会容易混淆。要解决这个问题，只需要找到更多定点就可以了。"说完，数学家递给OO一份数字密码表。

数字	密码	转换方式	数字	密码	转换方式
01	旗杆	形状	08	溜冰鞋	八个轮子
02	铃儿	谐音	09	猫	九命猫
03	蛋糕	3层	10	棒球	形状
04	零食	谐音	11	筷子	形状
05	手套	五个手指	12	椅儿	谐音
06	手枪	6发子弹	13	医生	谐音
07	锄头	形状	14	钥匙	谐音

续表

数字	密码	转换方式	数字	密码	转换方式
15	鹦鹉	谐音	43	石山	谐音
16	石榴	谐音	44	蛇	咻咻音
17	仪器	谐音	45	师傅	谐音
18	腰包	谐音	46	饲料	谐音
19	药酒	谐音	47	司机	谐音
20	香烟	一包 20 支	48	石板	谐音
21	鳄鱼	谐音	49	湿狗	谐音
22	双胞胎	形状	50	五环	形状
23	耳塞	谐音	51	工人	劳动节
24	闹钟	24 小时	52	鼓儿	谐音
25	饿虎	谐音	53	火山	谐音
26	河流	谐音	54	武士	谐音
27	耳机	谐音	55	火车	呜呜声
28	恶霸	谐音	56	蜗牛	谐音
29	热狗	谐音	57	武器	谐音
30	三轮车	谐音	58	苦瓜	谐音
31	鳝鱼	谐音	59	蜈蚣	谐音
32	扇儿	谐音	60	榴梿	谐音
33	星星	谐音	61	儿童	儿童节
34	三丝	谐音	62	牛儿	谐音
35	珊瑚	谐音	63	流沙	谐音
36	山鹿	谐音	64	螺丝	谐音
37	山鸡	谐音	65	尿壶	谐音
38	妇女	三八妇女节	66	蝌蚪	形状
39	三角板	谐音	67	油漆	谐音
40	司令	谐音	68	喇叭	谐音
41	蜥蜴	谐音	69	溜溜球	谐音
42	柿儿	谐音	70	冰激凌	谐音

续表

数字	密码	转换方式	数字	密码	转换方式
71	鸡翼	谐音	86	八路	谐音
72	企鹅	谐音	87	白棋	谐音
73	花旗参	谐音	88	爸爸	谐音
74	骑士	谐音	89	芭蕉	谐音
75	西服	谐音	90	酒瓶	谐音
76	气流	谐音	91	球衣	谐音
77	机器人	谐音	92	球儿	谐音
78	青蛙	谐音	93	旧伞	谐音
79	气球	谐音	94	首饰	谐音
80	巴黎铁塔	谐音	95	救护车	谐音
81	蚂蚁	谐音	96	旧炉	谐音
82	靶儿	谐音	97	旧旗	谐音
83	花生	谐音/形状	98	球拍	谐音
84	巴士	谐音	99	乌龟	活得久
85	宝物	谐音	00	望远镜	形状

＊ 这些密码仅供参考，可以根据自己的想法创造属于自己的数字密码。

＊ 图像是记忆的有利保障，尽量在脑海中呈现每个数字密码图像的样子。

＊ 扫码可获取"数学家"壹哥的数字编码彩图版，通过暗号是"100"哦。

"我也知道啊，可这里也就只有100个数字密码呀，我还有40首诗没背，很多诗都不止4句，有6句，有8句，像李白的《月下独酌》，我数过了，还有14句呢！你是数学家，你来算算，这100个密码哪够啊？"

"如果只是直接点对点关联肯定不够啊，而且除了诗句，还有诗名和作者呢。"这时候数学家故意停了下来，像是要吊人胃口一样。

"是啊，那怎么样才行呢？"OO有点急了。

"其实啊，你学记忆法这么久了，应该见过我们魔卡家族的很多成员了吧？虽然我们每位成员都有一项独特的技能（方法），但我们的技能是可以叠加使用的，我们所有家族成员联合在一起可是所向无敌的哦！"

OO认真想了想，其实很多情况下方法都是结合使用的，像幽默大师的谐音法就经常出现在其他魔卡的方法里辅助记忆。不过他还是想不明白怎么结合其他魔卡的方法到这个数学家记忆法里，所以还是得求助数学家。

数学家也不卖关子了，他说："你看哈，'01'是旗杆嘛，如果你要记第一首诗，假设连同诗名和作者一共有10个信息，那你可以在你们学校升旗台附近用导游的方法找10个定点来记忆。"

"有些诗很长，不止要找10个定点呢？"

"那你还可以用设计师的方法设计场景啊，我听说你最擅长这个了，还建了座庄园是吧？"

"是的！那还挺好用的！"OO为自己的创作得意起来。

"其实我们魔卡家族的记忆方法很多都是相通的，我听说你掌握得都不错，就差一些实践来熟练和提速了。这次古诗文大赛真的是个好机会哦！"

OO听了数学家的分析，觉得挺有道理的，纸上谈兵不如躬身实践，还是行动起来比较靠谱！

不知道OO实践的结果怎么样呢？让我们等待古诗文背诵大赛的到来吧！

"雅历，雅历，志在第一！"古诗文背诵大赛决赛快要开始了，教导主任带领着雅历小学的啦啦队鼓足了劲在呐喊。教导主任今天特别穿了一身红色的旗袍，画了眉，涂了口红，一副容光焕发的样子。

听着台下的呐喊声，雅历小学的代表选手却闭目凝神，脸色沉重。教导主任见状忙凑到前排，低声喊道："冰冰、冰冰，你怎么啦？"台上的高冰睁开眼睛，看了看台下的妈妈，咬了咬嘴唇说："我没怎么。"教导主任于是握住拳头向她挥了挥，说："你这次得给我拿第一啊！"

高冰的脸瞬间白了起来，她想起了在校内的那场比赛……

初赛是笔试，考的内容又细又全，高冰在作答的时候有一道0.5分的选择题想不起来，就碰运气地填了个C，出来一看答案，是B！而要跟她一决高下的OO呢，出来时却气定神闲，后来得知，他连20分的附加题都做对了，得了满分120分，全校第一。他赢了……

至于高冰为什么会成为雅历小学的代表选手，这是高冰最不想提及的。

早前高冰和欧圆两人比拼的事传得甚是热闹，教导主任（也就是高冰妈妈）对这件事也有所耳闻，只是她觉得这么一个毛头小子是不可能超越自己女儿的。可当她参与初赛评卷的时候，却意外地发现，大部分好学生的卷子都是100多分，偶尔有一两个拿110多分的，而欧圆居然拿了满分！她赶紧翻出女儿的卷子，发现第二道选B的选择题高冰选了C，不过卷子还没改。眼看第一名就要丢掉了，怎么办？

一支黑色签字笔最终在卷子的掩盖下偷偷地把B改成了C，结果高冰也拿了满分，两个第一。两个第一，改卷的老师团讨论谁代表学校去参加比赛，大家一致选择了向来很突出的高冰做代表。毕竟谁也不敢贸然派一个成绩突然蹿上来的小毛头代表学校去参赛呀！

对于成功当选为学校代表的事，高冰知道了原委。她曾经想向学校申请取消自己的比赛资格，但到了要踏进办公室的那一刻，她又犹豫了……

妈妈多么想看到自己能拿个冠军回来啊！

　　如今她代表学校坐在台上，台下的OO还大大咧咧地为她加油鼓劲，丝毫没有记恨的样子。这时，"雅历，雅历，志在第一"的呐喊声又在她耳边响了起来，妈妈红彤彤的身影不断地在她眼前挥舞略过，其余学校的加油声也相继响了起来，高冰听得头昏脑涨，突然眼前一黑，晕倒在地……

　　醒来的高冰依然脸色苍白，没想到她居然提议让欧圆代替她去参加这次比赛。尽管教导主任百般不情愿，但最终还是同意了。倒是OO，他没有一点准备，特别是教导主任刚刚那句"让欧圆上，都不知道他还记得不"的话，让他心里着实有点慌：是啊，都这么久了，还记得吗？

　　这时洛克很贴心地给OO递上复习资料，难道要临时抱佛脚吗？离比赛开始不到半个小时了，OO连忙趁空隙奔向厕所，通天码、通天码！他要找飞天求救！

　　OO冲进厕所关上门，从口袋掏出纸和笔，也顾不上那么多了，趴在马桶上就开始快速念着通天码，一边用左手画圈。飞天呀飞天，你快现身哪！

　　不知道是紧张还是什么，他连续试了好多次，飞天都没有出现。这时听到他们班有个同学在门外喊："OO你没事吧？比赛很快就开始了，老师叫我来找你回去！"

　　"我没事，就出来了，你先回吧。"OO忙回应着。那同学见没什么就回去了。

　　OO从厕所出来，手心开始冒冷汗。他隐约想起自己昨天晚上做了一个梦，梦里飞天跟他道别，还给他留下一个魔法袋子。他下意识地掏了掏口袋，果然有一个蜡蓝色的小袋子！OO连忙把它打开一看，里面藏有一张卡片，写着：无论什么时候，请你相信自己！

看着这句师父写给自己的话，OO一下子沉静下来，他试着根据一串串定点回忆那些背过的古诗文，没想到一点都没有丢，还记得很清楚呢！

赛场上，OO像借了一股东风一样，主持人提出的问题他都能答得上！特别是那种出下一句答上一句的题，OO只要回忆一下定点倒推过去就可以了，反应十分迅速，这帮助他在抢答题的环节里拿了不少分。

OO每答对一题，台下雅历小学的啦啦队就叫一声"好！"，这使得OO状态大好。不过其他学校的选手实力也不弱，福田小学和明珠小学的代表选手的得分一直跟OO的不相上下。

最后一题决胜时刻，主持人问："请问《孟子》里提到'国恒亡'的原因是什么？"

这句出自一篇中学古文，很多选手并不熟悉。不过OO马上反应到这是住在他庄园里的那篇《生于忧患，死于安乐》，他眼疾手快地抢下答题机会，响亮地回答说："入则无法家拂士，出则无敌国外患者，国恒亡。"

"祝贺雅历小学的代表选手欧圆同学夺得本次大赛冠军！"主持人正式宣布，台下掌声雷动。

OO捧着奖杯正要走下台阶，一群小伙伴跑过来围着他欢呼起来，特别是以洛克为首的"OO粉丝团"，都为自己的独到眼光感到骄傲，称

OO简直是他们心目中的"神"。洛克得意地说："OO，我就知道你会赢！"然后扭过头毫不留情地对着高冰喊了一句："高冰，你输了！"其余的人跟着起哄。

高冰刚被妈妈说了自己身体不争气，听到洛克这么一说，委屈的泪水夺眶而出，捂着脸哭着跑了出去。OO想起刚刚还是高冰提议让自己上台比赛的，这样是不是有点过分了呢，他拨开人群也跟着跑了出去。

OO追到外面的时候，看到高冰躲到一个角落里抽泣。他走过去，用奖杯轻轻地碰了碰高冰的手臂，说："其实，这座奖杯应该是属于你的。"

高冰红着眼睛转过头，她没想到OO并没有像洛克他们那样嘲笑她。她有点不好意思地低下头，低声说："不，奖杯是你的，这是你的实力。"

"不，是你把机会让给了我，本来应该是你去拿第一的。"

这时候高冰的头更低了："没有，其实跟你比，我比不过，我作过弊……"

OO想起自己拿了倒数第二，而高冰没有分数的那次考试，原来之前自己的推测是对的！但他这时已不忍心说什么伤害高冰的话了，他安慰地说："没有啦，那次我还谢谢你呢，你考差了我就不用拿倒数第一了。"

"那次我没有作弊！"高冰突然转过头愤慨地喊了出来。

OO被她吓了一跳，怯生生地问："那老师为什么给你零分呢？"

高冰的语气似乎恢复了平静，她说："那是我妈对我的要求，她跟老师说过如果我拿不到第一，就不要给我评分，让我必须拿第一。"

OO倒吸了一口气，想不到教导主任不仅对学生狠，对自己的女儿也狠！他不禁开始同情高冰了，他细声说："那你没有作弊呀。"

高冰抓着衣角想了很久，最终决定向OO坦白："上次初赛，其实是你拿了第一，不是我。"

"呃？"

"是我妈跟我说的,她为了让我拿第一,用了一些手段,最终让我代表学校去参加比赛。"

〇〇很吃惊,可他还来不及说点什么,就听到教导主任在后面大声喊道:"你们俩在干嘛?快回去集队!"

〇〇不禁叫了起来:"哦,高主任,原来你……"他话刚说出口,就被高冰扯住他的衣服打断了。

高冰提高音量接话道:"哎,我们这就归队!"

自从那次古诗文大赛以后,〇〇常常拿出飞天留给他的魔法袋子,不知道是不是真的有魔法,他对自己的记忆能力越来越有信心了,他也开始喜欢上学习,因为每次测验他都能轻松拿到前三。虽然有时候还是败给高冰,但他好像没有以前那样耿耿于怀了,他甚至希望是高冰每次都能拿第一。家家有本难念的经啊,她们家的经特别难念!

飞天自上次以后再也没有出现过,就像过去发生的一切只是做了一场梦一样。通天码早已不管用了,飞天也不再现身,唯有那个神奇的魔法袋子,那个常常带给〇〇力量的袋子,在提醒着他这一切都不是假的。

这当然不是假的,〇〇至今依然能清楚地记得他跟飞天的每一次相处:那只在他肩膀上唱歌的鹦鹉;那只教他"发烧""拉稀"的鹦鹉;那只让他翻魔卡记通天码的鹦鹉;那只对自己的"飞天联想记忆法"十分得意的鹦鹉;那只陪他一起学做菜的鹦鹉;还有那只耐心教导他,帮助他赢得古诗文大赛的鹦鹉……

〇〇就这样拿着师父送给他的魔法袋子愣愣地看着,全然不知道飞天已经悄然落到他的肩膀上。

"多发米,多发米……"

一阵清脆的叫声把〇〇从回忆中拉回现实:"啊,师父!"〇〇又惊又喜。

　　飞天也很高兴，她绕着OO飞了几圈，然后落在OO的书桌上。

　　OO仔细打量了多日不见的飞天：嘿，还是一顶蓝帽子，神气的眼神，色彩鲜艳的羽毛，可是她脚上的银环不见了，脖子上挂了一把闪闪发亮的钥匙！

　　"师父，你的毕业题通关啦？"

　　"是啊，这都得感谢你！"

　　"感谢我？"OO很不解。

　　飞天学着OO的样子调皮地眨了眨眼说："因为我一直苦苦追查的'符旦'就在你身上呀！"

　　"什么？骇怪在我身上？"OO几乎跳了起来。

　　"对呀，你想想，之前的学习对你来说是不是很大负担啊？这'符旦'骇怪就是压在你身上的负担！"

　　"哦，符旦——负担！原来如此！"

　　"嘿，领悟力不错嘛！"

　　"这不是师父给我翻的第一张魔卡，幽默大师的方法嘛，徒儿一直不敢忘记呢！"OO说这话可真不是在拍马屁，这段日子以来，他真觉得学习越来越轻松了，很多以前自己记不住的东西现在很快就能记住了，而且记得很牢固，有时候想忘都忘不掉呢！

"嗯，看到你现在学业有成，我也放心了，那我走啦！"原来飞天这次是来跟OO道别的。

"师父，那你还会回来吗？"OO似乎感觉到了离别的伤感。

"也许不会了，因为还有一个重大的使命在等着我！"飞天晃了晃脖子上的钥匙回答说。

"使命？"

"是的，我的记忆术师父，也就是你的师爷爷，我敬爱的伍达教授，他前不久因病去世了。临终前，他把这钥匙交给我，希望我能用这把钥匙打开更多人的记忆之门。"飞天平静地说着，眼睛里却闪烁着泪光，她顿了顿继续说，"其实我师父早就知道自己活不久了，找到接班人是他的唯一心愿，所以他请老校主给我出了这道毕业考题。"飞天其实也挺怀念跟OO相处的日子的，只是她接过伍达教授的接力棒后，老校主让她去进修教学技能，修炼结束后将去到"符旦"最多的地方实行教育改革，这样一忙起来不知道要到什么时候，所以先来跟OO道个别。

"我的师爷爷……"OO这时候也不知道该说些什么好了。

"OO，谢谢你，如果不是你，我也不会知道自己能做老师呢。"飞天真诚地说。

"不不不，师父，其实您很厉害，连我这么笨的学生都能教好。"

"你不笨，只是之前没有掌握正确的方法而已。其实每个人身上的潜能都很大，只要肯学肯练，每个人都有成功的可能！接下来我要尽我所能，帮助更多人找到方法，减轻学习的负担！再见啦！"飞天说完，就消失了。

"哎！那我能帮忙做点什么吗？……"OO急了，想尽力挽留飞天，可飞天一转眼就不见了，只留下她那坚定的声音在耳边回响……

良久，OO都没回过神来。他紧紧握住飞天送他的魔法袋子，生怕这个袋子也随飞天一同消失。

突然，魔法袋子跳动了一下，一张卡片从里面掉出来，上面写着：

如果你想帮忙，就好好练习记忆法。如果你在学习中有疑问，可以上这个直播间找我。

孩子长大了

扫描二维码，关注我的视频号

或许我们还会相遇。

《场景歌》 171林彩娇绘

《树之歌》 171林彩娇绘

四季

① 草芽尖尖，
他对小鸟说：
"我是春天。"

② 荷叶圆圆，
他对青蛙说：
"我是夏天。"

③ 谷穗弯弯，
他鞠着躬说：
"我是秋天。"

④ 雪人大肚子一挺，
他顽皮地说：
"我就是冬天。"

《四季》　171林彩娇绘

夜书所见

① 萧萧梧叶送寒声
② 江上秋风动客情
③ 知有儿童挑促织
④ 夜深篱落一灯明

《夜书所见》　171螺蛳粉绘

148

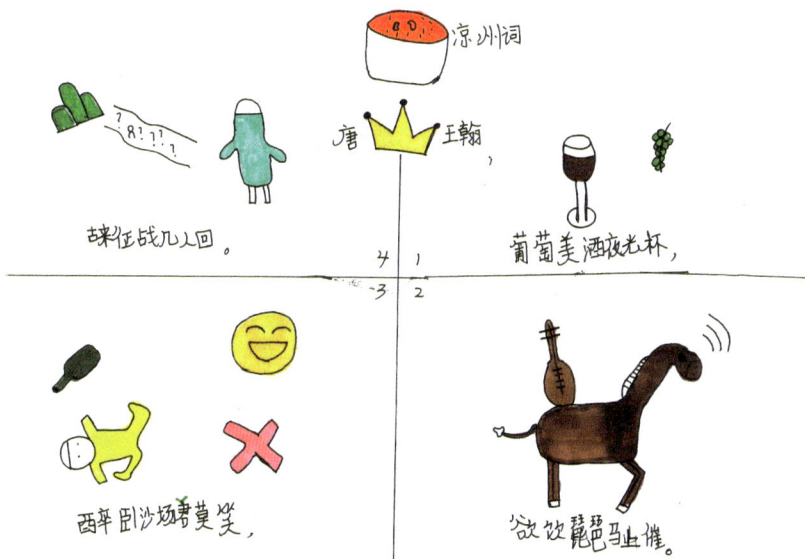

《凉州词》 林灿豪绘 171卜李莉指导

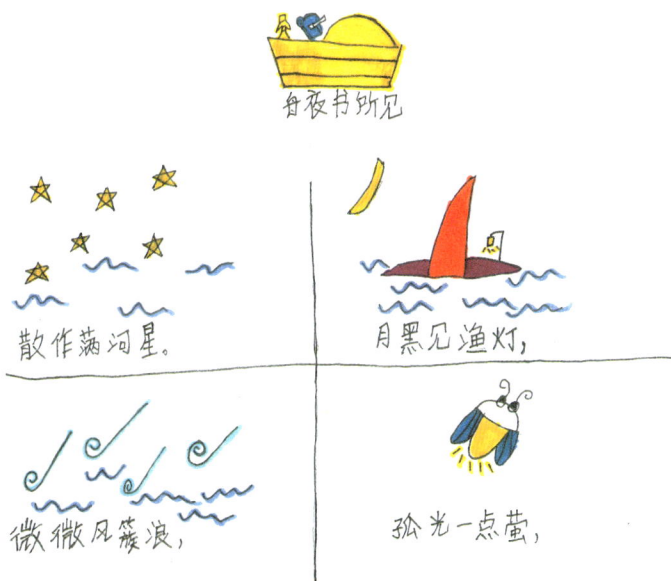

《舟夜书所见》 黄颂乔绘 171卜李莉指导

《卜算子·送鲍浩然之浙东》 陈楚荧绘 171卜李莉指导

猜猜这画的是哪首诗？在书中找到"数学家"壹哥索要答案吧！

150

后记

在遇到编辑郝珊珊老师之前，我未曾想过自己这么快就出书了，尽管我一直记得我的小学班主任钟玉群老师曾经对我说过的那句话——你将来会成为一名作家的。

在这位郝（好）人的推动下，这个二十多年前的预言加快实现了。

感谢曾经挥洒过青春热血的新思维平台，让我有了施展拳脚的机会；

感谢所有教过我或给过我启发的老师，让我在前行路上充满力量；

感谢那些我曾经教过的学生，让我在教学路上不断奋发前行；

感谢郝编的"周扒皮"式催稿，让我有了不断奋斗的动力；

感谢我的家人，默默地支持着我……

特别要感谢我的父亲。

虽然我父亲只是一名普通的小学老师，但我认为他十分有远见，因为他格外重视我们几个姐妹的教育。无论到哪里教学，他都会想办法把孩子带在身边。在我成长路上的三个重要转折点，父亲都起了关键的作用。

第一个转折点在我小学升二年级的时候。当时，父亲做了一个重大的决定：把我从村里的小学转到镇里最好的小学。也正是在那一年，我遇到了那位"预言家"班主任钟老师。

由于小学的学习环境不错，小学毕业我考到了市里最好的中学。进入中学，功课增加到九门，虽然我很努力，但学习成绩并不拔尖（当时还未识记忆法）。自问自己也并不笨啊，怎么连个全级前十都考不到？高三那年，高考一结束，成绩还没出来，我就不顾一切地回去复读了。身边的人都极力反对我复读。

然而，父亲却说："让她去吧！"就这样，我复读了一年，考上了一所不错的大学。上大学期间，我听了一场关于如何提升记忆力的讲座，开启了我的记忆法探索之旅。这是我成长路上第二个转折点。

后来我去参加世界脑力锦标赛，决心冲刺"世界记忆大师"。那一年（2009年），比赛在英国举办，参赛需要一大笔费用。周围的人都不支持我去冒险，而父亲对我说："去试一下吧！不要给自己的人生留遗憾。"

正是父亲"试一下"的鼓励，让我有机会通过"记忆大师"的认证，从此立志传播记忆法。这就是我成长路上的第三个转折点。

当年钟老师说我会成为一名作家时，我告诉父亲，他只是笑笑不说话。当时我想：要是我真成了呢？父亲一定会为我骄傲吧。2017年我和黄艳梅老师合著的《超有趣的音标书：当英语发音遇上超强记忆法（彩图珍藏版）》出版，我第一个想告诉的就是我的父亲。

只可惜，他已经不在了。

有人说：你最亲最爱的人死后会化身为天上的星星，在每个夜里默默守护你。我常常仰望星空，对着最亮的那颗星星静静思索。我知道，在我前行的路上，总会有父亲的星辉照亮我。

曾经，我在教授记忆法的道路上也迷茫过，困惑为什么有的学生教不会。后来才明白，并不是每个学记忆法的人都能坚持练习，有的人还要抵挡来自外界的很多阻力。有人坚持了，多年以后，他们成了熠熠生辉的明星。

感谢那些比我突出的学生，他们就像我生命中的一道道亮光：像央视《挑战不可能》的史俊恒、谢柳欣夫妇；央视《少年中国强》的陈东炜、陈晓熳兄妹；江苏卫视《最强大脑》的黄华珠、倪梓强、张左怿葳、杨万里、郭小舟；像山东卫视《中国少年派》的董迅；河北卫视《我中国少年》

的黄驿童；世界冠军得主宋夏童、董迅、杨虹、王点点、邓乐泉、邝丽群；世界记忆大师张师与、李绍楚、梁凯盈、梁洛菲、宋佩恒、吴子瑜、陈健亭、余伟、李佩仪、李浩明、梁万佳、吴镇辉、常远谋、赖均滔、江世钰、朱文娟；赛场上的明星的龙毅威、池希明、石文峰、张皙钒、韩泽林、郑裕鹕、曾睿、胡馨允、欧阳雪妍、李楚沁、黄钶、张世航、梁茗东、刘晋诚、王潇雯、詹雯静、秦嘉璐；脑力新星银叶龙、吴嘉桦、张栩侨、付嘉豪、莫可妮、梁颖瑶；还有脑细胞非凡的蓝健、赖威、张铭轩、吴硕峰、刘宇辉、高荣、李林、韩泽林、刘路长、苏碧桐、陈睿钧、黄超荣、黄品优、关健江、宁肯、谭继宇、刘思杏、邓淇彧、李介立、杨启为、伍可枫、黄韵豫、樊家绮、赖宇哲、谢宏斌、车文哲、张青格、王姜钰涵、张世鹏、梁世震、陈嘉琪、陈秋同、李依蒙、梁晓良、伍修玄、梁宇轩、莫芷慧……太多太多，就不一一罗列了。

谢谢你们，正是因为有你们的成长，我才有信心继续前行！更让我感动的是，听说朱老师的书改版需要增加插图，孩子们纷纷献画助力，感恩在心。在此特别鸣谢付嘉豪同学（首届亚太学生记忆锦标赛高中组总季军），有你的引领，大家的脑细胞都被大大激发了！

如今，我已经走过了纯粹教学习方法的青葱阶段，在研究各家教育方法的道路上忙得不亦乐乎。我的梦想是：用教育来照亮孩子们的世界。

最后，致敬我的记忆法恩师郭传威老师和叶翠仪老师，还有好友袁文魁老师，正因为有你们，我在记忆法传播的道路上更有方向！

写下此书，充实我那存储青春岁月的记忆宝库。